空气污染与霾天气

——以重庆市主城区为例

周国兵　编著

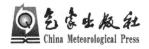

气象出版社
China Meteorological Press

内 容 简 介

本书详细介绍了重庆主城区近十年来主要空气污染物的时空分布和变化特征,重点分析了大气环流、局地大气边界层气象条件及降水等气象因素对重庆主城区空气污染的影响,分析了重庆主城区霾天气的变化特征及与污染的关系,研究并建立了适合本地的霾天气判别标准,并利用数值模拟方法初步揭示了气象条件对污染的影响机制,探索建立了空气污染扩散气象条件预报方法,提出了减轻重庆主城区空气污染与霾天气的防治对策措施。

本书可供气象、环境、城市规划等领域从事科研、业务、教学和管理等工作的有关人员参考。

图书在版编目(CIP)数据

空气污染与霾天气:以重庆市主城区为例 / 周国兵
编著. —北京:气象出版社,2018.12
　　ISBN 978-7-5029-6900-4

　　Ⅰ.①空…　Ⅱ.①周…　Ⅲ.空气污染-研究-重庆
Ⅳ.①X51

中国版本图书馆 CIP 数据核字(2018)第 289141 号

Kongqi Wuran yu Maitianqi——Yi Chongqingshi Zhuchengqu Weili
空气污染与霾天气——以重庆市主城区为例
周国兵　编著

出版发行:气象出版社

地　　址:北京市海淀区中关村南大街 46 号　邮政编码:100081
电　　话:010-68407112(总编室)　010-68408042(发行部)
网　　址:http://www.qxcbs.com　E - m a i l:qxcbs@cma.gov.cn
责任编辑:杨泽彬　　　　　　　　　　终　审:吴晓鹏
责任校对:王丽梅　　　　　　　　　　责任技编:赵相宁
封面设计:楠竹文化
印　　刷:北京中石油彩色印刷有限责任公司
开　　本:787 mm×1092 mm　1/16　　印　张:9
字　　数:220 千字
版　　次:2018 年 12 月第 1 版　　　　印　次:2018 年 12 月第 1 次印刷
定　　价:48.00 元

本书如存在文字不清、漏印以及缺页、倒页、脱页等,请与本社发行部联系调换。

前　　言

为全面贯彻党的十九大精神，认真落实习近平总书记在全国生态环境保护大会上关于"坚决打赢蓝天保卫战是重中之重，要以空气质量明显改善为刚性要求，强化联防联控，基本消除重污染天气，还老百姓蓝天白云、繁星闪烁"的讲话精神，深化落实习近平总书记对重庆提出的"两点"定位、"两地""两高"目标和"四个扎实"要求，支撑重庆"生态优先绿色发展战略行动计划""污染防治攻坚战实施方案"，把重庆建设成"山清水秀美丽之地"，推动高质量发展，创造高品质生活。重庆市气象与环保部门在已有的科研、业务合作的基础上，就全面实施"大气污染防治环境与气象合作打赢蓝天保卫战"进行了更加深入、务实的合作。

重庆市作为长江上游的重要工业城市，20世纪80年代以来，一直是全国空气污染较为严重的城市之一，这不仅给居民生活与健康带来诸多不利影响，同时也影响了重庆市的城市投资环境和竞争力。重庆市政府高度重视城市空气污染问题，十多年来，市政府采取了一系列行之有效的强制措施，极大地改善了重庆主城区的空气质量。诸多研究文献表明，重庆主城区特殊的地形、不利的气象条件以及大量的污染物排放是造成重庆主城区空气污染较重的主要因素，本书作者作为气象工作者，对此十分关注，在工作中针对重庆主城区污染与气象关系开展了一些研究，形成了一些成果。本书是作者博士论文、重庆市应用开发计划项目"山地城市气象条件对雾霾影响分析与数值模拟研究"(cstc2014yykfA20004)、国家自然科学基金重大研究计划重点支持项目"冬春季四川盆地西南涡活动对大气复合污染影响与机制研究"(91644226)的研究成果以及重庆市气象局针对重庆主城区开展的大气污染气象条件预报业务建设成果的总结。本书在撰写过程中得到了王式功教授以及向波、胡春梅、江文华、吴钲、芦华、白莹莹、董新宁、曾艳等同事的支持和帮助，在此表示诚挚的感谢。

本书详细介绍了重庆主城区近十年来主要空气污染物的时空分布和变化特征，重点分析了大气环流、局地大气边界层气象条件及降水等气象因素对重庆主城区空气污染的影响，分析了重庆主城区霾天气的变化特征及其与空气污染的关系，研究并建立了适合本地的霾天气判别标准，并利用数值模拟方法初步揭示了气象条件对空气污染的影响机制，探索建立了空气污染扩散气象条件预报方法，还简要介绍了重庆市政府在减轻重庆主城区空气污染方面的对策措施及成效。

全书共分七章。内容包括重庆主城区基本概况、空气污染特征、空气污染天气特征、霾天气特征、空气污染数值模拟研究、空气污染扩散气象条件预报方法初探及空气污染与霾天气防治对策措施。

由于作者学识有限，时间仓促，书中错误在所难免，敬请批评指正。

作者

2018年9月

目　　录

第1章 重庆主城区基本概况

1997年3月14日,第八届全国人大五次会议批准设立重庆直辖市。直辖以来,重庆紧紧围绕国家重要中心城市、长江上游地区经济中心、国家重要现代制造业基地、西南地区综合交通枢纽、内陆开放高地、西部大开发的重要战略支点、"一带一路"和长江经济带的联结点等国家赋予的定位,统筹推进"五位一体"总体布局,协调推进"四个全面"战略布局,取得了显著成就。

1.1 地理概况

重庆市位于东经105°17′~110°11′,北纬28°10′~32°13′,地处青藏高原和长江中下游平原过渡地带,东邻湖北、湖南,西接四川,北连陕西,南与贵州毗邻,是中国的东部地区和西部地区的结合部,东西长470 km,南北宽450 km,辖区面积8.24万 km²,为北京、天津、上海三市总面积的2.39倍,是中国面积最大的城市(图1.1)。重庆下辖38个行政区县(自治县),有26个区(万州区、黔江区、涪陵区、渝中区、大渡口区、江北区、沙坪坝区、九龙坡区、南岸

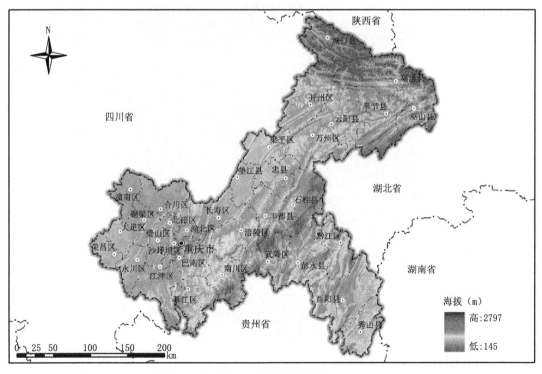

图1.1 重庆市地形图

区、北碚区、渝北区、巴南区、长寿区、江津区、合川区、永川区、南川区、綦江区、大足区、璧山区、铜梁区、潼南区、荣昌区、开州区、梁平区、武隆区);12个县(自治县)(城口县、丰都县、垫江县、忠县、云阳县、奉节县、巫山县、巫溪县、石柱土家族自治县、秀山土家族苗族自治县、酉阳土家族苗族自治县、彭水苗族土家族自治县),是中国目前行政辖区最大、人口最多、管理行政单元最多的特大型城市。辖区内山脉纵横,水系发达,植被丰富,地貌类型多样,天气气候独特。

重庆主城区包括渝中区、大渡口区、江北区、沙坪坝区、九龙坡区、南岸区、北碚区、渝北区、巴南区9个行政区,总面积5472.7 km²,常住人口851.8万(2016年)。渝中区、大渡口区、江北区、沙坪坝区、九龙坡区、南岸区为重庆主城核心6区,面积1440.5 km²(图1.2)。从地形图上看,主城核心区主要位于中梁山、铜锣山和真武山之间的小盆地内,其中中梁山、铜锣山和真武山呈南北走向,平均海拔为500～650 m。从地形剖面图看(图1.3、图1.4),主城区除东西面有南北向高山包围以外,南北亦有平均海拔500 m左右高山阻挡,城区盆地内东西宽约20 km,南北长约60 km,地势西高东低,北高南低,平均海拔高度在200～400 m。城区内长江、嘉陵江穿城而过,交汇于渝中区朝天门。主城核心六区为重庆主城工商业的主

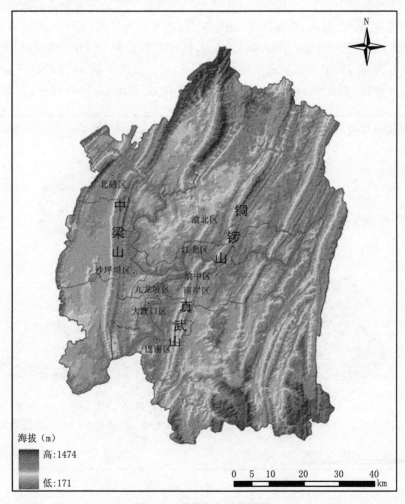

图1.2　重庆市主城地形图

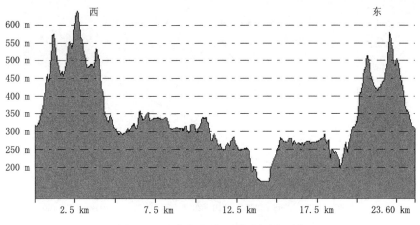

图 1.3　重庆市主城区东西向剖面图

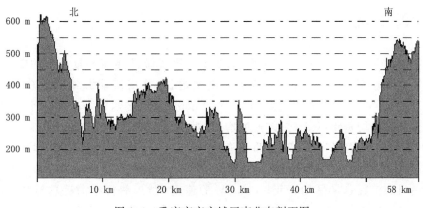

图 1.4　重庆市市主城区南北向剖面图

要聚集区,是污染排放的主要区域,其中位于大渡口区的重庆钢铁集团(目前已搬迁至长寿区)、九龙坡区重庆火力发电厂和江津区洛璜火力发电厂(主城边)是影响主城区三个最大污染排放源。特殊的地形和大量污染的排放,使得主城六区成为重庆污染最为严重的区域。

1.2　经济状况

近十年来(2006—2016 年),重庆经济保持良好发展势头,2011 年突破 10000 亿元大关,十年 GDP 平均增幅超过 10%,高于全国平均水平(图 1.5)。2016 年全市实现地区生产总值 17558.76 亿元,排名全国第二十位,按可比价格计算,比上年增长 10.7%,较 2016 年全国 GDP 增速 6.7% 高出 4 个百分点,增幅排名全国第一。重庆主要经济指标持续向好,规模以上工业增加值增长 10.3%、利润增长 12%,固定资产投资增长 12.1%,社会消费品零售总额增长 13.2%,一般公共预算收入达到 2228 亿元,增长 7.1%。2016 年,面积仅占全市不到 7%、人口占全市 27.94% 的重庆主城九区,GDP 达到 7646.74 亿元,贡献全市 GDP 达到 43.55%,可见重庆主城区是重庆经济最为活跃的区域。

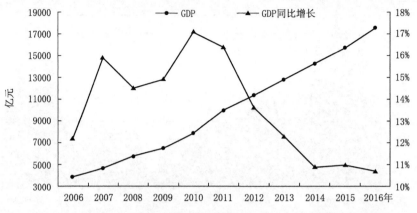

图 1.5　重庆近十年 GDP 及增长率(数据来源:《2017 年重庆统计年鉴》)

1.3　能源消耗

　　近十年来(2006—2015 年,数据来源:《2016 年重庆统计年鉴》)重庆市的能源消耗总量呈逐年稳步上升趋势,平均每年以 8.7％的速度增长,重庆市能源年消耗总量从 2006 年 3891 万 t(万吨标准煤,下同),上升到 2015 年的 8068 万 t,增幅达 107.4％(图 1.6)。其中,煤炭的消耗总量平均每年以 7.6％的速度增长,煤炭年消耗总量从 2006 年 2555 万 t,上升到 2015 年的 4654 万 t,增幅为 82.2％,低于总能源消耗;天然气的消耗总量平均每年以 9.7％的速度增长,天然气年消耗总量从 2006 年 533 万 t,上升到 2015 年的 1175 万 t,增幅为 120.5％;油料的消耗总量平均每年以 11.2％的速度增长,油料年消耗总量从 2006 年 469 万 t,上升到 2015 年的 1164 万 t,增幅为 148.2％;电力的消耗总量平均每年以 15.9％的速度增长,煤炭年消耗总量从 2006 年 335 万 t,上升到 2015 年的 1075 万 t,增幅为 220.9％(图 1.7)。由此可见,重庆近十年来煤炭消耗的增幅明显减少,而属于清洁能源的天然气和电力消耗的大幅增加。

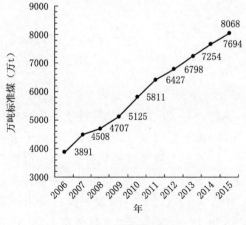

图 1.6　能源消耗总量

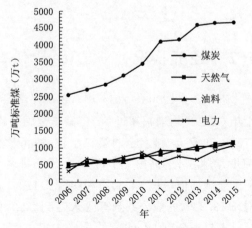

图 1.7　煤炭、天然气、油料和电力消耗

从重庆市近十年来能源消耗的构成比例(图 1.8)可以看出,煤炭仍然是主要能源消耗。自 2006 年以来,煤炭在重庆市能源构成中所占的比例总体呈波动下降状态,基本维持在 60%～70%,其中 2013—2015 年所占比例降到 60%左右。天然气在能源结构中的比例逐年总体呈缓慢上升趋势,由 2006 年的 8.4%上升到 2015 年的 12.1%,上升了 3.7%。电力消耗在能源构成中的比例是先降后升,从 2006 年的 12.3%降到 2012 年的 8.6%,下降了 3.7%,但是从 2013 年开始出现大幅上升,2013—2015 年所占比例达到 13.3%～15.0%。油料消耗在能源构成中的比例则是先缓降后快速上升趋势,由 2006 年的 8.4%下降到 2009 年的 7.0%,但是到 2010 年则快速上升到 11.3%,之后逐年缓慢上升,2015 年占比为 12.1%。2009 年之后,油料消耗在能源构成中的比例的明显提升,与近几年汽车的大幅度增加有直接关系。

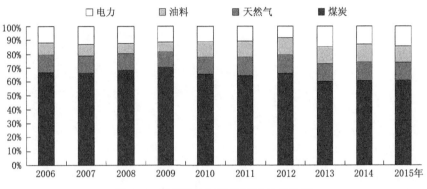

图 1.8　重庆近十年能源消耗构成比例

总之,在 2006—2015 年,重庆市能源消费中油料、电力的消费总量和在整个能源结构中的比例均呈上升趋势,煤炭消费总量也在增加,但在能源结构中的比例在缓慢下降(在主城区下降比例比较明显)。目前,重庆市仍存在能源消费结构不合理的现象,即天然气和电力等优质能源消费比例偏低,而高硫高灰分煤炭终端消费比例依然较高。与此同时,水电、风电开发程度低,火电比重大,洁净煤消费量小,能源利用效率低及资源浪费大等问题,仍然是导致大气环境污染严重的根本原因。

1.4　气候概况

重庆市属亚热带湿润季风气候区,主要气候特点可以概括为:冬暖春早,夏热秋凉,四季分明,无霜期长;空气湿润,降水丰沛;太阳辐射弱,日照时间短,多云雾,少霜雪;光温水同季,立体气候显著,气候资源丰富,气象灾害频繁。重庆市年平均气温 17.5 ℃(1981—2010 年 30 年平均资料,下同),长江河谷的巴南、綦江、云阳等地达 18.5 ℃以上,东南部的黔江、西阳等地 15～17 ℃,东北部海拔较高的城口仅 13.9 ℃,冬季 7.9 ℃,夏季 26.4 ℃,春、秋季分别为 17.4 ℃、18.2 ℃。重庆市年平均降水量较丰富,全市平均年降水量为 1125.3 mm,降水主要集中在汛期(5—9 月),达 774.6 mm,总量占全年的 69%。重庆市年平均相对湿度为 80%,在全国属高湿区。重庆各地年日照时数在 888.5～1539.6 h,日照百分率仅为 25%～35%,为全国年日照最少的地区之一,冬季日照更少,仅占全年的 10%左右。

重庆主城区(以沙坪坝气象观测站为基准)年平均气温为 18.4 ℃,最热月在 7—8 月,最冷月在 1 月,春秋为冬、夏之间的过渡性季节,温度适中;降水量丰富,年均降水日数为151 d,年平均降水量为 1108.2 mm,主要集中在 5—9 月,约占全年降水总量的 70%,其中 6月最多,1 月最少;日照资源分布不均,年平均日照时数为 962.5 h,夏季最多,占全年的44%,春、秋季次之,分别占 28% 与 22%;冬季最少,仅占 8%;年平均相对湿度为 80%,在全国属高湿区,相对湿度秋、冬季高,达 83%,春夏季低,约为 77%;重庆市主城区为两山所夹槽谷,全年近地风速很小,年平均风速为 1.4 m/s,7、8 月最大,为 1.6 m/s,冬半年(10 月至次年 1 月)平均风速为 1.1 m/s。

第2章 重庆主城区空气污染时空变化

2.1 空气污染监测

从 1996 年开始,重庆市环保局在主城区建设空气质量监测站开展空气质量自动监测,监测项目有 PM_{10}、SO_2、NO_2。2002 年对外公布的监测点有渝中区的解放碑、大渡口区的新山村、沙坪坝的高家花园和天星桥、九龙坡的杨家坪、南岸区的南坪、渝北区的人和站点以及北碚区的缙云山清洁对照点。2006 年取消沙坪坝的天星桥,增加了渝北区的两路、北碚区的天生、巴南区的鱼洞站点;2007 年增加渝北区的礼嘉和沙坪坝区的虎溪站点;2008 年增加江北区的唐家沱站点;2009 年增加南岸区的茶园站点;2011 年增加九龙坡区的白市驿站点。截至 2012 年,主城区共设置环境空气质量自动监测点位 16 个。2013 年,根据环境保护部统一部署和要求,重庆市(主城区)作为全国首批 74 个城市(京津冀、长三角、珠三角等重点区域以及直辖市和省会城市)之一开始实施空气质量新标准(《环境空气质量标准——GB3095—2012》),在重庆市生态环境监测中心网站上对外公开发布细粒子颗粒物 $PM_{2.5}$、可吸入颗粒物 PM_{10}、NO_2、SO_2、CO、O_3 等大气污染物监测数据(http://www.cqemc.cn/)。2013 年,主城区共设空气质量自动监测国控点 17 个(其中城市点 16 个,包括解放碑、新山村、唐家沱、高家花园、虎溪、杨家坪、白市驿、南坪、茶园、天生、蔡家、两路、空港、鱼洞、南泉、礼嘉及缙云山清洁对照点),2016 年取消了高家花园、杨家坪、鱼洞、南泉等国控点,随后新增了龙井湾、歇台子、龙洲湾、鱼新街等国控点。截至 2016 年 12 月,重庆市主城 9 区共设置空气质量自动监测国控点 17 个(表 2.1),监测项目有 PM_{10}、$PM_{2.5}$、SO_2、NO_2、CO、O_3 等。

表 2.1 重庆市主城区空气质量自动监测国控点

点位名称	行政区	所在功能区	
		类型	名称
解放碑	渝中区	二类	居商混合区
龙井湾	沙坪坝区	二类	居商混合区
虎溪	沙坪坝区	二类	居商文教混合区
南坪	南岸区	二类	居商文教混合区
茶园	南岸区	二类	居商混合区
白市驿	九龙坡区	二类	居商混合区
歇台子	九龙坡区	二类	居商混合区
新山村	大渡口区	二类	居商混合区
唐家沱	江北区	二类	居商混合区

点位名称	行政区	所在功能区	
		类型	名称
两路	渝北区	二类	居商文教混合区
礼嘉	渝北区	二类	居商混合区
空港	渝北区	二类	居商混合区
鱼新街	巴南区	二类	居商文教混合区
龙洲湾	巴南区	二类	居商混合区
缙云山	北碚区	一类	自然保护区
天生	北碚区	二类	居商文教混合区
蔡家	北碚区	二类	居商混合区

根据环保部门的相关规定,环境空气质量监测与评价在2013年以前采用的是《环境空气质量标准——GB3095—1996》,用空气污染指数API(Air Pollution Index)来表征空气质量的优劣,API由PM_{10}、SO_2、NO_2等3项的污染指数取最大值来确定,其空气污染指数对应的污染物浓度限值及空气质量状况如表2.2、表2.3所示。2013年之后采用的是《环境空气质量标准——GB3095—2012》,以空气质量指数AQI(Air Quality Index)来表征空气质量的优劣,AQI由PM_{10}、$PM_{2.5}$、SO_2、NO_2、O_3、CO等6项的污染指数取最大值来确定,其空气质量指数对应的污染物浓度限值及空气质量状况如表2.4、表2.5所示。新标准中空气质量指数级别由5级调整为6级。由于AQI采用分级限制标准更严,AQI较API监测的污染物指标更多,其评价结果更加客观。

表2.2　空气污染指数对应的污染物浓度限值(GB3095—1996)

污染指数	污染物浓度($\mu g/m^3$)		
API	SO_2(日均值)	NO_2(日均值)	PM_{10}(日均值)
50	50	80	50
100	150	120	150
200	800	280	350
300	1600	565	420
400	2100	750	500
500	2620	940	600

表2.3　空气污染指数范围及相应的空气质量类别(GB3095—1996)

空气污染指数 API	空气质量级别	空气质量状况
0~50	Ⅰ	优
51~100	Ⅱ	良
101~200	Ⅲ	轻度污染
201~300	Ⅳ	中度污染
>300	Ⅴ	重污染

表 2.4　空气质量分指数及对应污染物项目浓度限值(GB3095—2012)

空气质量分指数(IAQI)	二氧化硫(SO₂)24 h平均/(μg/m³)	二氧化硫(SO₂)1 h平均/(μg/m³)⁽¹⁾	二氧化氮(NO₂)24 h平均/(μg/m³)	二氧化氮(NO₂)1 h平均/(μg/m³)⁽¹⁾	颗粒物(粒径小于等于10 μm)24 h平均/(μg/m³)	一氧化碳(CO)24 h平均/(mg/m³)	一氧化碳(CO)1 h平均/(mg/m³)⁽¹⁾	臭氧(O₃)1 h平均/(μg/m³)	臭氧(O₃)8 h滑动平均/(μg/m³)	颗粒物(粒径小于等于2.5 μm)24 h平均/(μg/m³)
0	0	0	0	0	0	0	0	0	0	0
50	50	150	40	100	50	2	5	160	100	35
100	150	500	80	200	150	4	10	200	160	75
150	475	650	180	700	250	14	35	300	215	115
200	800	800	280	1200	350	24	60	400	265	150
300	1600	⁽²⁾	565	2340	420	36	90	800	800	250
400	2100	⁽²⁾	750	3090	500	48	120	1000	⁽³⁾	350
500	2620	⁽²⁾	940	3840	600	60	150	1200	⁽³⁾	500

说明
⁽¹⁾二氧化硫(SO₂)、二氧化氮(NO₂)和一氧化碳(CO)的 1 h 平均浓度限值仅用于实时报,在日报中需使用相应污染物的 24 小时平均浓度限值。
⁽²⁾二氧化硫(SO₂)1 h 平均浓度值高于 800 μg/m³ 的,不再进行其空气质量分指数计算,二氧化硫(SO₂)空气质量分指数按 24 h 平均浓度计算的分指数报告。
⁽³⁾臭氧(O₃)8 h 平均浓度值高于 800 μg/m³ 的,不再进行其空气质量分指数计算,臭氧(O₃)空气质量分指数按 1 h 平均浓度计算的分指数报告。

表 2.5　空气质量指数范围及相应的空气质量类别(GB3095—2012)

空气质量指数 AQI	空气质量级别	空气质量状况
0～50	Ⅰ	优
51～100	Ⅱ	良
101～150	Ⅲ	轻度污染
151～200	Ⅳ	中度污染
201～300	Ⅴ	重度污染
＞300	Ⅵ	严重污染

2.2　空间分布特征

2.2.1　PM₁₀空间分布特征

从 2002—2016 年 PM₁₀ 年平均浓度空间分布变化图可以看出(图 2.1、2.2、2.3),2002、2005 年高浓度值区为大渡口区新山村监测点和江北区观音桥监测点,其次为九龙坡区杨家坪监测点、渝中区解放碑监测点、沙坪坝区高家花园监测点,再次为南岸区南坪监测点、巴南区鱼洞监测点、渝北区人和监测点,浓度最低的是北碚区天生监测点。2008 年以后,重庆主城区 PM_{10} 高浓度中心发生转移,沙坪坝区高家花园监测站 PM_{10} 年平均高浓度值超过大渡口区的新山村,成为新的高浓度值区。2011 年,PM_{10} 的高浓度值分布区域有所北移和扩大,高浓度值主要分布在沙坪坝区、江北区和渝中区,其次为大渡口区、九龙坡区和南岸区,相对较低的是巴南区和渝北区,浓度最低的区域仍然是北碚区。2014、2016 年,PM_{10} 的高浓度值区主要分布在沙坪坝区、江北区、渝中区、大渡口及九龙坡等主城核心区域。随着重庆市政府在全市范围内大力实施"蓝天行动计划",到 2016 年,主城各区 PM_{10} 的浓度下降到历史以来的最低值,重庆主城区 PM_{10} 的分布逐渐趋于一致,高浓度区域特征不再显著。

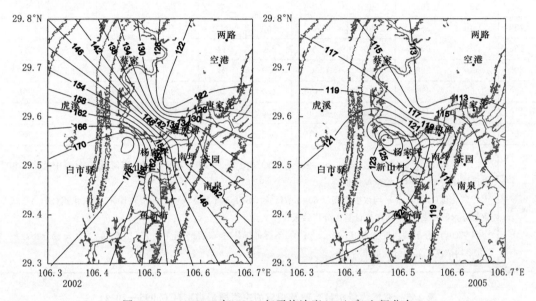

图 2.1　2002、2005 年 PM_{10} 年平均浓度($\mu g/m^3$)空间分布

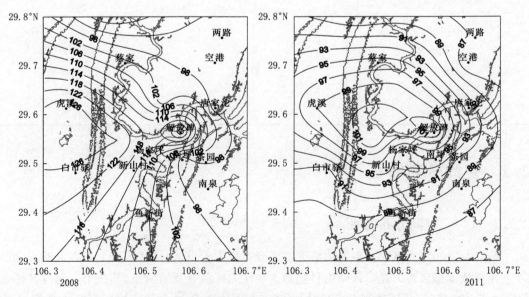

图 2.2　2008、2011 年 PM_{10} 年平均浓度($\mu g/m^3$)空间分布

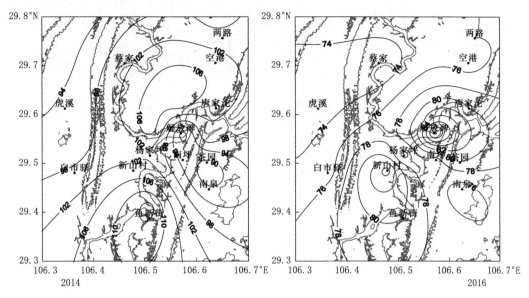

图 2.3　2014、2016 年 PM$_{10}$ 年平均浓度(μg/m^3)空间分布

2.2.2　SO$_2$ 空间分布特征

从 2002—2016 年 SO$_2$ 年平均浓度空间分布变化图可以看出(图 2.4、2.5、2.6),2002、2005 年,大渡口区新山村监测点一直是 SO$_2$ 年均浓度高值中心,在 2003 年大渡口区新山村监测点 SO$_2$ 年均浓度值达到了 150 μg/m^3,SO$_2$ 一度成为重庆主城区的首要污染物,其次是九龙坡区的杨家坪监测点、南岸区的南坪监测点,再次是江北区观音桥、沙坪坝区高家花园,浓度较低的依次是巴南区鱼洞监测点、渝北区两路监测点和北碚区天生监测点。从 2008 年开始,SO$_2$ 年均浓度高值区为南岸区的南坪监测点和九龙坡区的杨家坪监测点,其次是沙坪

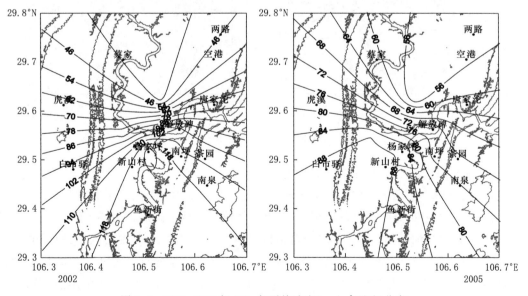

图 2.4　2002、2005 年 SO$_2$ 年平均浓度(μg/m^3)空间分布

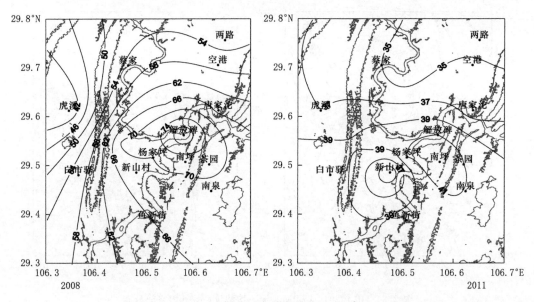

图 2.5　2008、2011 年 SO$_2$ 年平均浓度（μg/m^3）空间分布

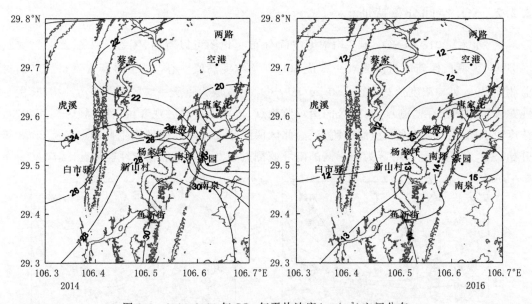

图 2.6　2014、2016 年 SO$_2$ 年平均浓度（μg/m^3）空间分布

坝区的高家花园监测点和大渡口区的新山村监测点。大渡口区的新山村 SO$_2$ 年均浓度从 2008 年开始下降趋势明显,这与 2007 年重庆市启动搬迁重钢计划有着非常密切的关系,到 2009 年重钢已经有部分生产车间停止生产,点源排放明显减少。到 2011 年随着重钢全部搬迁完毕,大渡口区新山村的 SO$_2$ 年均浓度值降到 34 μg/m^3 以下,与渝北区、巴南区的年均浓度基本持平。从 2014、2016 年浓度分布看,重庆主城区 SO$_2$ 分布呈现均匀状态,已经没有典型的重污染区域,由此可以认为随着重庆主城区对燃煤产生 SO$_2$ 的污染源彻底治理,重庆主城区基本解决了 SO$_2$ 的污染问题。

2.2.3　NO₂ 空间分布特征

从 2002—2016 年 NO₂ 年平均浓度空间分布图可以看出(图 2.7、2.8、2.9),NO₂ 浓度变化与 PM₁₀ 和 SO₂ 有明显的不同,PM₁₀ 和 SO₂ 年均浓度总体变化趋势是逐年递减的,而 NO₂ 年均浓度的变化呈现递增的趋势。2002 年高浓度值中心出现在渝中区的解放碑和江北区的观音桥,其次为九龙坡区的杨家坪、大渡口区的新山村、渝北区的人和、南岸区的南坪,浓度最低的为离主城较远的巴南和北碚区,这与叶堤(2007)2004 年春季实际采样浓度分析的结果一致(表 2.6),NO₂ 浓度高值出现在市中心渝中区,两次测定值分别为 64 μg/m³

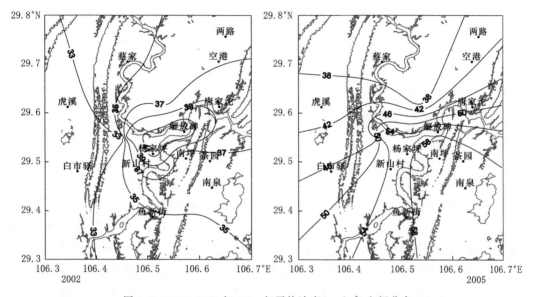

图 2.7　2002、2005 年 NO₂ 年平均浓度(μg/m³)空间分布

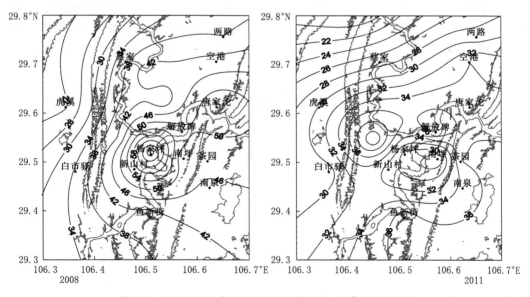

图 2.8　2008、2011 年 NO₂ 年平均浓度(μg/m³)空间分布

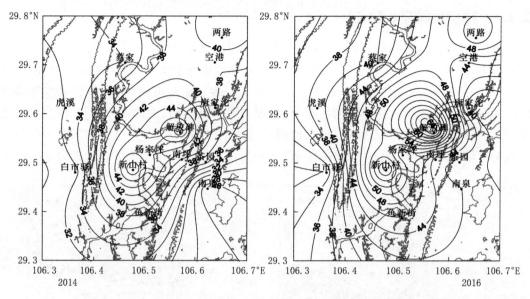

图 2.9　2014、2016 年 NO_2 年平均浓度（$\mu g/m^3$）空间分布

和 56 $\mu g/m^3$，两次平均为 60 $\mu g/m^3$。2005 年浓度高值区主要是江北区的观音桥和大渡口区的新山村，其次是渝中区的解放碑、九龙坡区的杨家坪、南岸区的南坪、渝北区的人和，浓度最低的仍为离主城较远的巴南和北碚区。2008 年的浓度分布就发生一定的变化，高浓度中心出现在沙坪坝区的高家花园和渝中区的解放碑，其次为大渡口区的新山村、九龙坡区的杨家坪、再次为江北区的观音桥、南岸区的南坪，浓度低值区的仍为离主城较远的巴南和北碚区。2011 年高浓度区为沙坪坝的高家花园，其次为渝中区的解放碑和江北区的观音桥，再次为九龙坡区的杨家坪和南岸区的南坪、渝北区的人和、巴南区的鱼新街，北碚区仍然为主城区的浓度最低值区。从 2014、2016 年浓度分布看，重庆主城区 NO_2 高浓度中心主要分布在主城商业发达的核心区域，尤其以渝中区解放碑监测站点最为严重，呈现逐年增加趋势，可以看出重庆城市和交通的变化对 NO_2 浓度变化有着直接影响，渝中区解放碑一直以来是重庆主城区的商业最繁华区，高楼林立、人口密集、车辆拥堵，自然也是 NO_2 排放高浓度区域。

表 2.6　2004 年春季 NO_2 采样分析（叶堤，2007）

城区名称	两次监测平均浓度（$\mu g/m^3$）
渝中区	60.16
江北区	39.75
沙坪坝区	33.39
九龙坡区	48.59
大渡口区	43.31
南岸区	32.32
渝北区	47.44
巴南区	26.66

2.2.4　PM$_{2.5}$空间分布特征

由于重庆主城区从 2013 年开始对外公开 PM$_{2.5}$监测浓度,从 2014、2016 年 PM$_{2.5}$年均浓度分布可以看出(图 2.10),PM$_{2.5}$的高浓度区主要集中在渝中、江北、沙坪坝、大渡口、九龙坡等主城核心区域,PM$_{2.5}$浓度值呈现逐年明显下降状态,其变化趋势与 PM$_{10}$基本一致。另外,从 2016 年 PM$_{2.5}$年均浓度分布还可以看出,重庆主城区 PM$_{2.5}$的分布逐渐趋于均匀,高浓度区域特征不再显著。

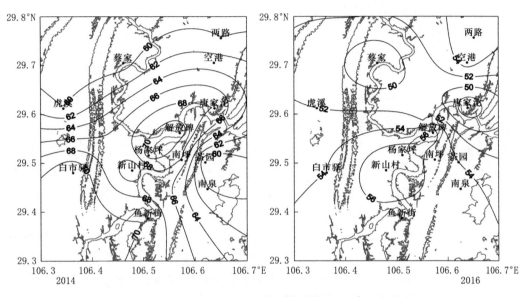

图 2.10　2014、2016 年 PM$_{2.5}$年平均浓度(μg/m^3)空间分布

2.3　时间变化特征

2.3.1　污染物浓度年际变化特征

为了更好地反映重庆主城区环境空气质量改善情况,对重庆市环保局公布的 2002—2016 年空气质量监测数据进行了分析。统计表明,2002—2016 年,重庆主城区空气质量持续改善,空气质量达标天数的比例逐年上升(图 2.11),从 2002 年 221 d(60.5%)上升到 2012 年的 340 d,10 年时间空气质量满足良好天数增加了 119 d,其中 2005 年和 2006 年升幅最大,分别比上年增加 23 d、21 d。2007 年以后空气质量满足良好天数增幅放缓,2012 年达到历史最高值。2013 年采用新标准后,按照新标准评估空气质量达标天数仅为 206 d,到 2016 年重庆主城区空气质量达标天数达到 301 d。从监测的三种主要污染(PM$_{10}$、SO$_2$、NO$_2$)年均浓度变化曲线可以看出,15 年内总趋势是呈逐年下降趋势(图 2.11)。由此,也可以看出新的环境空气质量标准是更加严格和客观。

2002 年以来,PM$_{10}$年平均浓度总体呈下降趋势,其中 2005 年下降幅度最大,2005 年比 2004 年下降了 15.5%。2006—2012 年,逐年缓慢下降,6 年平均下降率为 2.6%。年均浓度

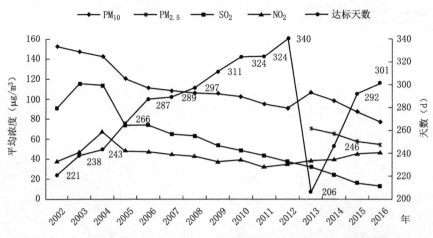

图 2.11　PM_{10}、$PM_{2.5}$、SO_2 和 NO_2 平均浓度及空气质量达标天数年度变化

从 2002 年的 152 $\mu g/m^3$ 下降到 2012 年的 90 $\mu g/m^3$，十年间降幅达 40.8％，2011 年 PM_{10} 年平均浓度首次降到 100 $\mu g/m^3$ 以下，达到创建国家环保模范城市标准。2013 年 PM_{10} 年平均浓度略有上升，突破 100 $\mu g/m^3$，由于采用了新标准，重庆夏天 O_3 超标日数较多，使得空气质量达标天数明显下降，2013 年以后，PM_{10} 年平均浓度又明显下降，到 2016 年仅为 77 $\mu g/m^3$，空气质量进一步好转。

SO_2 浓度 2003 年比 2002 年上升了 26.4％，2003 年与 2004 年基本持平，为 10 年中 SO_2 浓度的最高值，2005 年出现大幅度下降，由 2004 年的 113 $\mu g/m^3$ 下降到 73 $\mu g/m^3$，下降率为 35.4％。2006—2011 年，逐年缓慢下降，6 年平均下降率为 8.1％，降幅比 PM_{10} 大 3 倍。可见重庆主城区在控制 SO_2 污染方面取得了显著成效。

NO_2 浓度 10 年间总体变化趋势不大，2002 年较 2001 年有所下降，2003 年上升，至 2004 年达到最高值 68 $\mu g/m^3$，为 10 年中 NO_2 的最高浓度值，2005 年下降明显，2005—2008 年 NO_2 浓度维持在 44～48 $\mu g/m^3$，变化幅度不大，2009 年略有下降，2010 年 NO_2 浓度又上升到 39 $\mu g/m^3$，2011 年又略有下降，下降到 32 $\mu g/m^3$，下降到十年来的最低值（最新资料显示：2012 年 NO_2 浓度又上升到 35 $\mu g/m^3$，较 2011 年上升了 9.4％）。重庆市 2011 年环境统计公报显示，机动车氮氧化物排放量仅占总氮氧化物排放量的 25.8％，而工业氮氧化物排放占总氮氧化物排放量的 72.8％，因此市政府通过采取强化工业氮氧化物减排措施，即便在 2009 年以来重庆主城区机动车保有量呈现明显增加状况（图 2.12），2009—2011 年重庆主城区 NO_2 年均浓度仍然维持在 30～40 $\mu g/m^3$ 的较低水平。但是，2011 年以后，重庆主城区机动车每年以 10 万辆以上的速度增加，到 2016 年已经达到 139.8 万辆，机动车排放的 NO_2 增加量明显超过了工业氮氧化物减排量，从而造成重庆主城区 NO_2 年均浓度呈上升趋势。

2.3.2　污染物浓度年变化特征

按照 API＞100（以下称污染天气，2012 年以前以 API 值表示）统计了 2002—2011 年 10 年平均的各月日数，从统计结果看（图 2.13），重庆主城区的主要污染期为秋末到次年初春（11 月至次年 3 月），5 个月月平均污染日数在 8 d 以上，占全年总污染日数的 72.4％。尤其以 12 月最严重，平均污染日数达 17.3 d；其次是 11 月，平均污染日数达 13 d；5—10 月份污

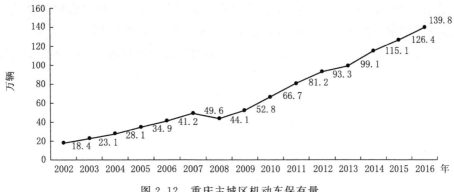

图 2.12　重庆主城区机动车保有量

染天数比例较小,其中 7、8 月份最少,一般很少出现污染天气。因此,只要控制好了 11 月至次年 1 月的污染排放,全年空气质量达标天数就可能大幅上升。

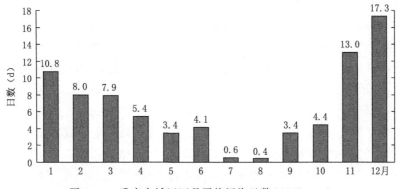

图 2.13　重庆主城区逐月平均污染日数(API>100)

分别计算了 2002—2016 年三种污染物(PM$_{10}$、SO$_2$、NO$_2$)15 年平均的各月浓度(图 2.14),总的趋势基本都是秋末到初春(11 月至次年 3 月)平均浓度较高,夏季月平均浓度最低。从 PM$_{10}$ 的月平均浓度变化曲线看,1 月的浓度最高,达到了 151 $\mu g/m^3$,其次是 12 月为 143 $\mu g/m^3$,再次是 2 月和 11 月,分别为 128 $\mu g/m^3$ 和 122 $\mu g/m^3$。浓度最低的是 7 月

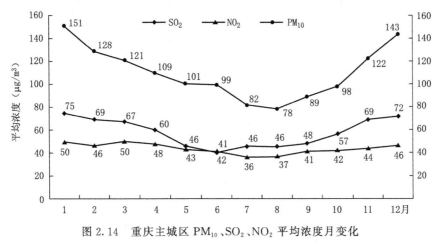

图 2.14　重庆主城区 PM$_{10}$、SO$_2$、NO$_2$ 平均浓度月变化

和 8 月,分别为 82 $\mu g/m^3$ 和 78 $\mu g/m^3$。这与重庆主城区月平均污染日数的趋势是一致的。从 SO_2 的月平均浓度变化曲线看出,12 月和 1 月浓度最高,分别为 72 $\mu g/m^3$ 和 75 $\mu g/m^3$,其次是 2 月和 11 月,月平均浓度均为 69 $\mu g/m^3$,6 月浓度最低仅为 41 $\mu g/m^3$,与 PM_{10} 的低浓度时期不一致。全年 NO_2 的月平均浓度变化幅度都不大,基本维持在 36~50 $\mu g/m^3$,1—4 月是 NO_2 的高浓度季节,浓度最低的是 7 月和 8 月,分别为 36 $\mu g/m^3$ 和 37 $\mu g/m^3$。从以上的分析可以看出,PM_{10} 是重庆主城区首要污染物。

2.3.3 污染物浓度日变化特征

由于重庆主城区主要污染天气过程集中在冬半年,对 2009—2014 年 10 月至次年 3 月三种污染物(PM_{10}、SO_2、NO_2)逐时浓度(10 个污染监测站的平均值)进行了分别统计,得到了三种污染物的逐时平均浓度变化趋势曲线(夏半年逐时平均浓度变化趋势与冬半年一致,只是浓度值要低得多),本书主要分析冬半年的变化特征。

2.3.3.1 PM_{10} 浓度日变化特征

从 2009—2011 冬半年主要污染物 PM_{10} 的逐时平均浓度变化趋势曲线可以看出(图 2.15),PM_{10} 的逐时平均浓度变化趋势基本是一致的,只是浓度值高低差异,即呈现"双峰双谷"特征,PM_{10} 浓度峰值期主要出现在中午前后和午夜前后,其中中午前后的峰值浓度比午夜前后的峰值浓度要低。午夜后 PM_{10} 高浓度逐渐缓慢下降,在 07:00—08:00 前后达到全天的第一个低值区,之后 PM_{10} 浓度较快上升,在中午 12:00 前后达到第一个峰值,随后 PM_{10} 浓度又逐渐下降,在 17:00—18:00 前后达到全天的第二个低值区,之后 PM_{10} 浓度又逐渐上升,在 22:00—23:00 达到全天的第二峰值区,如此循环便形成典型的"双峰双谷"日变化特征。此外,从 PM_{10} 浓度不同季节的日变化特征看(图 2.16)(季节划分:冬季为 12 月至次年 2 月,春季为 3—5 月,夏季为 6—8 月,秋季为 9—11 月,下同),其特征都是呈现典型的"双峰双谷"日变化特征,PM_{10} 浓度在峰值和谷值出现时间和平均浓度值有细微差异。冬季由于上午升温慢,大气边界层变化慢白天出现峰值时间一般 12:00 前后,夜间峰值出现在 22:00 前后,谷值一般出现在 07:00 和 17:00;夏季由于上午升温快,大气边界层变化快,在白天出现峰值时间一般 11:00 前后,夜间峰值出现在 01:00 前后,谷值一般出现在 07:00 和 18:00,日均浓度比冬季明显低得多;春季和秋季白天出现峰值时间一般 12:00 前后,夜间峰

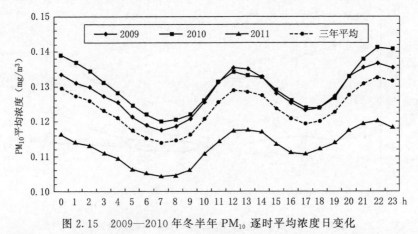

图 2.15 2009—2010 年冬半年 PM_{10} 逐时平均浓度日变化

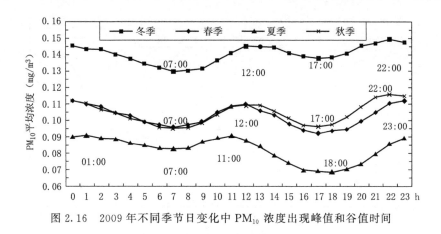

图 2.16 2009 年不同季节日变化中 PM₁₀ 浓度出现峰值和谷值时间

值出现在 22:00—23:00,谷值一般出现在 07:00 和 17:00。即便是按污染监测单站统计,仍然具有基本相似的日变化趋势(图 2.17～2.20)。根据赵琦等(2008 年)对重庆主城区 PM₁₀ 污染源解析结果可知,重庆主城区 PM₁₀ 浓度分担依次为建筑水泥尘(27.2%)、道路扬尘(20.5%)、煤烟尘(18.4%)、机动车尾气尘(15.1%)、钢铁尘(3.7%)和其他尘(15.1%),其中建筑水泥尘、道路扬尘及机动车尾气尘占到 62.8%。由于建筑水泥尘、道路扬尘及机动车

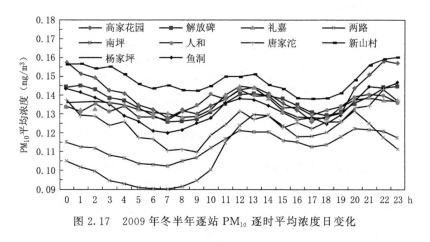

图 2.17 2009 年冬半年逐站 PM₁₀ 逐时平均浓度日变化

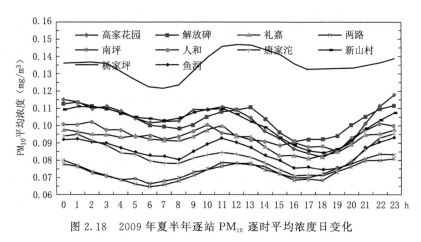

图 2.18 2009 年夏半年逐站 PM₁₀ 逐时平均浓度日变化

19

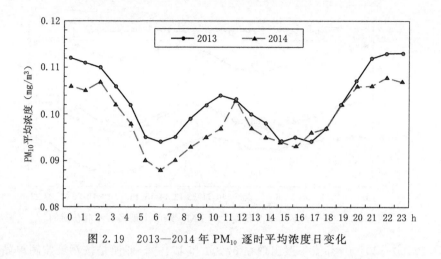

图 2.19　2013—2014 年 PM_{10} 逐时平均浓度日变化

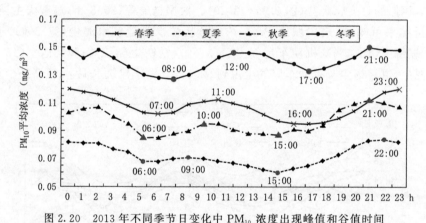

图 2.20　2013 年不同季节日变化中 PM_{10} 浓度出现峰值和谷值时间

尾气尘与人类白天活动关系密切,即便大型工业源排放(主要是煤烟尘和钢铁尘)不变的情况下,白天由于建筑工地施工及车辆猛增,污染排放明显高于夜间,昼夜排放差别很大。因此可以推断,在重庆主城区污染排放方面,白天由于人类活动增加污染排放也会相应增加,而夜间由于人类活动减少,污染排放也会相应减少。

2.3.3.2　SO_2 浓度日变化特征

从 2009—2011 年冬半年 SO_2 的逐时平均浓度变化趋势曲线可以看出(图 2.21),SO_2 的逐时平均浓度变化趋势基本是一致的,SO_2 浓度也具有明显的日变化特征,高浓度值出现在 12:00 前后,一般 13:00 之后浓度逐渐下降,一般傍晚 19:00 以后 SO_2 浓度下降就比较缓慢,甚至基本维持,一般早上 05:00 前后降到 SO_2 浓度的最低值,之后随着人类活动的增加,SO_2 浓度开始迅速上升,至 12:00 左右达到最高值,如此循环,形成典型的"单峰单谷"日变化特征。从 SO_2 浓度不同季节的日变化特征看(图 2.22),其特征都是呈现典型的"单峰单谷"日变化特征,SO_2 浓度在峰值和谷值出现时间和平均浓度值有一定的差异。冬季白天出现峰值时间一般 12:00—13:00,谷值一般出现在 05:00;夏季白天出现峰值时间一般 10:00 前后,谷值一般出现在 19:00—20:00,日均浓度比冬季明显低得多;春季和秋季白天出现峰值时间一般 11:00—12:00,谷值一般出现在 04:00—05:00。

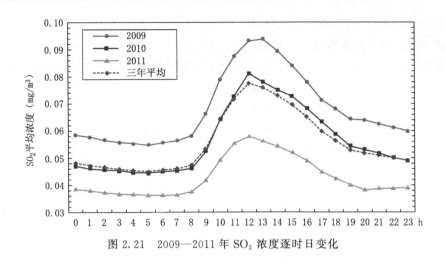

图 2.21　2009—2011 年 SO₂ 浓度逐时日变化

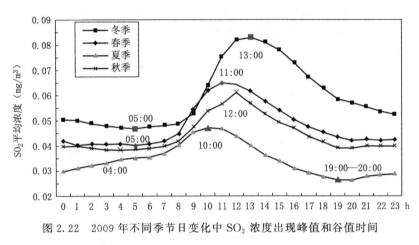

图 2.22　2009 年不同季节日变化中 SO₂ 浓度出现峰值和谷值时间

2.3.3.3　NO₂ 浓度日变化特征

冬半年 NO₂ 浓度日变化特征与 PM₁₀ 有点相似，可以看出"双峰双谷"日变化特征（图 2.23），但 NO₂ 浓度日变化的总趋势是在白天逐步上升，与 PM₁₀ 不同的是 NO₂ 高浓度

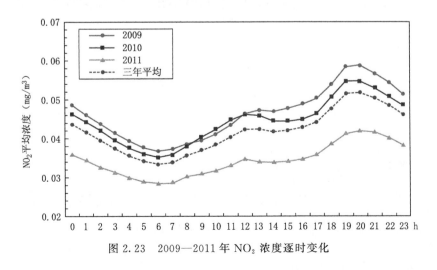

图 2.23　2009—2011 年 NO₂ 浓度逐时变化

峰值出现在 19:00—21:00 前后,而不是在中午 12:00 前后,12:00 前后只有弱的峰值出现,但浓度值相对 20:00 要低得多。一般 20:00 之后浓度呈直线下降,到早上 06:00 前后降到一天的最低值。一般从 07:00 开始,NO_2 浓度开始逐渐上升,14:00—15:00 前后略有下降,之后继续上升,至 20:00 左右达到最高值,如此循环。从 2009 年 NO_2 浓度不同季节的日变化特征看(图 2.24),冬季 NO_2 浓度"双峰双谷"日变化特征不显著,其余季节 NO_2 浓度"双峰双谷"日变化特征明显。冬季 NO_2 浓度在 06:00 前后降到谷值,白天呈持续上升趋势,在19:00 前后达到峰值;夏季白天出现峰值时间一般 10:00 前后,夜间峰值出现在 21:00 前后,谷值一般出现在 06:00 和 16:00;春季和秋季白天出现峰值时间一般 11:00—12:00 前后,夜间峰值出现在 20:00—21:00,谷值一般出现在 06:00 和 14:00—15:00。此外,根据刘萍等(2012)统计的重庆主城区红锦大道单向五车道车流量可知(图 2.25),车流量分别早上07:00 开始上升,于上午 09:00 达到当日最大峰值,中午时分出现略微下降,到傍晚 16:00—18:00 车流量再次上升后开始循序下降,并于凌晨 04:00—05:00 降到每日最低值,车流量的变化趋势也很好地反映了人类活动规律,与 NO_2 浓度的日变化趋势也基本吻合,就是随着白天人类活动增多 NO_2 排放增加浓度也逐渐升高,相应夜间人类活动减少 NO_2 排放也减少浓度逐渐降低。

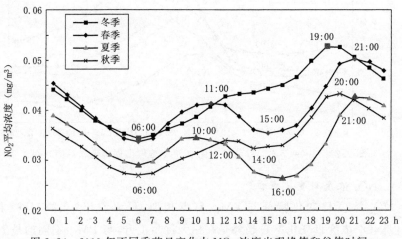

图 2.24　2009 年不同季节日变化中 NO_2 浓度出现峰值和谷值时间

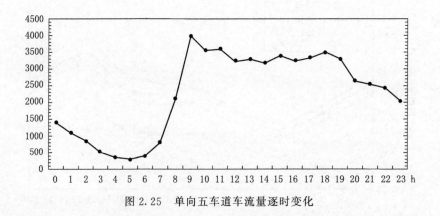

图 2.25　单向五车道车流量逐时变化

综上所述，三种污染物浓度的日变化特征具有相似之处，都是在早上 06：00—07：00 为全天浓度最低值，之后随着白天人类活动增加，建筑施工、道路扬尘、汽车尾气、工厂排放等使得污染物浓度开始上升。不同之处在于，PM_{10} 一天中有两个明显高浓度期，呈现"双峰双谷"特征，具有 12 h 左右的变化周期，PM_{10} 浓度上升时间主要在上午和傍晚；SO_2 浓度上升速度快，下降速度慢，从 08：00 开始迅速上升，到 12：00 左右达到全天的最高值，即在 6 h 内达到最大值，而浓度下降是需要 17 h 降到最低值，SO_2 浓度上升时间主要出现在上午；NO_2 浓度上升速度慢，下降速度快，从 20：00 前后下降到 06：00 前后的浓度最低值需要 9 h，而从 06：00 前后上升到 20：00 前后的浓度最高值需要 15 h，浓度上升时间主要出现在白天。

2.4　主要污染物来源

大气污染源解析技术是区分和识别大气污染的复杂来源并定量分析其源贡献率的一种科学的方法，它是确定各种排放源与环境空气质量之间响应关系的桥梁，是控制和治理大气污染的一个十分重要而又非常复杂的课题。通过对污染物源解析可以掌握各类污染物的来源，可以为地方政府有针对性地采取措施、调整政策提供依据，让治污更精准有效。从前面的分析可知，2002 年以来重庆主城区空气中主要污染物由 SO_2 转换为大气颗粒物，而雾、霾天气的形成与大气颗粒物有着直接的联系，因此，本书以 PM_{10} 源解析为例，简要讨论重庆主城区大气颗粒物的来源。污染物源解析工作主要由环保工作者在开展，本书主要通过文献调研的方式来讨论。

大气污染的源解析技术主要包括源排放清单、扩散模型和受体模型等三类方法。目前的源解析方法主要基于受体模型，并与排放清单、扩散模型、遥感反演和网格化监测等多种技术相结合，这样既能反映某一个污染源的排放状况，还能反映某个城市甚至更大尺度区域的污染状况。

排放清单主要提供污染源排放强度信息；扩散模型可计算源排放的污染物在大气中的扩散状况；受体模型利用大气细颗粒物的化学成分反推各种源的贡献。源排放清单法通过对污染源的统计和调查，根据不同源类的活动水平和排放因子模型，建立污染源清单数据库，从而对不同源类的排放量进行评估，确定主要污染源。目前在我国开展的一些科研课题中，已经建立了重点区域和典型城市的大气污染源清单，确定了影响空气质量的重点源和敏感源，如燃煤、机动车、生物质燃烧等一次源和二次源。但是，有专家认为，源排放清单仅考虑了各类污染源排放的相对重要性，没有同空气质量变化建立直接关系，因此，源排放清单法是大气颗粒物源解析的重要辅助手段。扩散模型尽可能充分利用空气质量模式，描述污染物在大气中的主要的物理和化学过程。空气质量模型是基于污染源排放清单和气象场（气象条件），用数值方法模拟污染物在大气中的传输、扩散、化学转化以及沉降等过程，在此基础上估算不同污染源对受体点污染物浓度的贡献情况。对于扩散模型法的优点，专家认为，与受体模型相比，基于扩散模型的源解析不仅可获得污染源的空间分布，而且可区分本地排放源和外来传输源，分析不同地区的分担率。此外，通过情景模拟，源解析结果对制定大气污染控制政策具有重要的指导意义。受体法是基于受体采样点获取的化学示踪物（对污染源有指示、表征意义的化学物种）的信息来反推各种源贡献的源解析方法。目前的受体法主要是在监测站点通过采样器收集污染物样品，进而分析其中的多种有机、无机化学组分,结合统计分析方法,得出源解析结果。

根据陈思龙等(1995)、杨三明等(2001)、赵琦等(2008)及任丽红(2014)等对重庆主城区大气颗粒物(PM_{10})污染源解析结果可知(表 2.7),重庆主城区 PM_{10} 的主要来源是燃煤烟尘、钢铁冶金工业尘、地面扬尘、建筑水泥尘、机动车尾气尘、二次粒子及其他尘等。

表 2.7　重庆主城区 PM_{10} 的主要来源及贡献率

源类别及贡献率(%)	1992 年	2001 年	2006 年	2008 年	2012 年
燃煤烟尘	43.0	29.6	18.4	11.3	11.0
钢铁冶金工业尘	35.7	18.6	3.7	4.0	6.0
地面扬尘、土壤尘	9.3	19.3	20.5	32.7	26.2
建筑、水泥尘	3.0	19.7	27.2	9.2	2.4
机动车尾气尘	1.7	6.7	15.1	20.1	23.4
二次粒子	—	—	5.9	17.3	23.5
其他尘	7.3	6.1	9.2	5.4	7.5

从表 2.7 中不同年份重庆主城区 PM_{10} 的源解析中各类污染源的贡献率可看出,随着时间的推移各类污染源对 PM_{10} 的贡献是有很大的变化。2000 年以前燃煤烟尘和钢铁冶金工业尘是重庆主城区 PM_{10} 的主要贡献者,占到 78.7%。

从 1998—2001 年重庆主城区开始实施"清洁能源"工程,在重庆主城区 2737 km^2、133 个街道(镇)范围内全面推行"清洁能源"工程,累计完成 1100 台燃煤设施清洁能源改造。2001 年源解析结果表明,燃煤烟尘和钢铁冶金工业尘对 PM_{10} 的贡献率下降到 48.2%,但随着城市化发展,地面扬尘和建筑水泥尘对 PM_{10} 的贡献率明显呈升高趋势,达到了 39%。

2002—2004 年实施"五管齐下净空"工程,包括:主城区采(碎)石场、小水泥厂关闭工程、主城区机动车排气污染控制工程、主城区裸露地面绿化硬化工程、主城区大于 10 t/h 的燃煤锅炉洁净煤工程和主城区空气污染严重企业关迁改调工程。从 2006 年的源解析数据可知,燃煤烟尘和钢铁冶金工业尘对 PM_{10} 的贡献率进一步下降,仅为 22.1%,但随着城市化加快发展,地面扬尘和建筑水泥尘对 PM_{10} 的贡献率继续攀升,达到了 47.7%,成为主要贡献者。同时,随着主城区机动车数量的增加,汽车尾气尘对 PM_{10} 的贡献率呈大幅上升趋势达到了 15.1%。

2005—2011 年全面实施主城"蓝天行动"计划。大力推进燃煤及烟(粉)尘污染治理,实施重钢集团大气治理项目,对重庆发电厂、华能珞璜电厂等燃煤电厂脱硫设施进行在线监控。完成主城区重庆新华化工厂、重庆电池总厂、西南制药二厂等 8 户污染较重的环境安全隐患企业的搬迁或关闭,对重庆发电厂等 10 户重点污染企业进行了清洁生产强制审核,完成了 100 户规模以上餐饮企业油烟污染治理。主城区 83 个基本无煤区中的 61 个居民社区建成"无煤区域",面积 31 km^2,全市累计建成烟尘控制区 567 km^2。进一步控制城市扬尘和机动车排放污染。从 2008、2012 年 PM_{10} 源解析结果可知,燃煤烟尘和钢铁冶金工业尘对 PM_{10} 的贡献率明显降低,但由于主城区城市建设规模不断扩大及机动车保有量大增,使得地面扬尘、建筑水泥尘、汽车尾气尘及二次粒子成了 PM_{10} 的主要贡献者。

从近 15 年重庆主城区 PM_{10} 的主要来源及贡献率的变化趋势可以看出,重庆主城区大气污染的变化,与重庆经济社会发展以及政府控制污染措施有着密切的关系。同时也表明,在解决大气污染环境问题,政府的主动作为十分重要。

第3章　重庆主城区空气污染气象学特征

许多研究结果也表明,城市空气污染不仅取决于城市的能源结构、交通和工业排放污染物的多少,而且与大气环流背景以及当地、当时的局地气象条件有着密切的联系。作为气象工作者更加关注气象条件对空气污染的影响。从第2章分析中可知,重庆主城区空气主要污染时段出现在冬半年,本章重点讨论冬半年造成重庆主城区空气污染的大气环流特征、污染天气过程中气象要素变化特征以及大气边界层特征。

3.1　污染天气大气环流特征

由于大气环流变化具有周期性和相似性等特点,在相似的环流背景下,往往也会出现相似的天气现象,在天气预报中广为采用。通过对造成污染天气的大气环流进行分类,可以归纳出容易造成空气污染的主要天气类型,能为定性开展污染潜势预报提供参考。

3.1.1　污染天气500 hPa大气环流特征

在天气预报中,500 hPa高度场是最常用的大气环流形势场,能较好地反映天气系统的变化。在大气环流形势分类中通常采用聚类分析方法,常见的聚类分析方法有划分方法、层次方法、基于密度的方法和基于网格的方法。本书通过采用划分方法中的K-means算法,对2002—2011年冬半年重庆主城区轻度污染以上污染天气500 hPa高度场进行分类,将相同类型的高度场进行合成,归纳出5类大气环流形势,并计算了每一类天气类型下重庆主城区(沙坪坝站)主要气象要素的平均值(表3.1),同时统计了每一类天气类型在每月中的分布(表3.2)。为了方便大气环流形势分析,将5类天气类型分别自定义为一槽一脊型、纬向环流型、两槽一脊型、西高东低型和低槽东移型。

表3.1　不同天气类型气象要素平均值

类	气温 (℃)	气压 (hPa)	相对湿度 (%)	能见度 (km)	风速 (m/s)	雨量 (mm)	日照 (h)	总云量 (成)	低云量 (成)
1	10.8	990.4	80.3	2.9	1.28	0.4	1.2	7.8	4.7
2	18.8	986.9	82.8	3.6	1.31	0.8	1.7	6.9	4.8
3	14.6	990.3	82.0	3.2	1.26	0.6	0.8	8.0	5.4
4	9.8	988.2	79.0	3.4	1.30	0.3	0.7	8.7	6.4
5	12.7	988.5	82.9	3.5	1.24	0.6	1.3	7.6	4.8

表 3.2　不同天气类型在每月中的分布

	1类	2类	3类	4类	5类
1月	79		1	24	19
2月	58		2	28	2
3月	33		14	13	31
10月		52	5		
11月	1	36	58		44
12月	46		16	48	59

　　一槽一脊(1类)天气类型(图 3.1)，一槽是位于乌拉尔山附近的深厚的低槽系统，槽区高度值负距平显著，负距平中心位于乌拉尔山北部；一脊为位于蒙古国境内为高压脊，在蒙古国脊附近表面为弱的正距平，中国基本受强大的高压脊控制，脊线位于贝加尔湖到青藏高原中部一线，重庆为脊前西偏北气流控制。这类天气类型为造成重庆主城区空气污染的主要天气类型(表 3.2)，占到污染天气的 32.4%，该类型主要出现在冬季，气温相对较低，平均风速小，相对湿度较大。此类天气类型下三种污染物的平均浓度值是最高的，其中 PM_{10} 和 SO_2 平均浓度分别达到 0.224 mg/m³ 和 0.137 mg/m³，容易造成重庆主城区长时间的较重的污染天气，使得能见度也相对较差，随着槽脊的周期变化，污染天气也相应出现周期性变化。从统计情况看，2002—2011 年这类天气类型所占比例较大，污染物的年均浓度也比较高，2008 年以后随着该类天气类型的减少，污染物的年平均浓度下降也比较快。

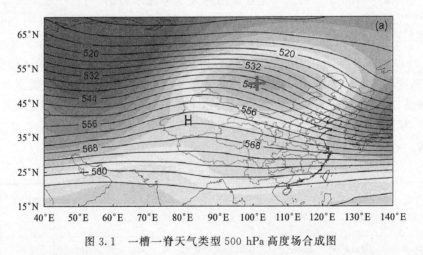

图 3.1　一槽一脊天气类型 500 hPa 高度场合成图

　　纬向环流(2类)天气类型(图 3.2)，东亚区域内 500 hPa 高度场表现为平直的纬向环流在整个东亚区域内均为正距平，其中东西两个正距平中心分别位于里海附近和中国东北地区，中国大陆主要以偏西风气流为主，四川盆地及重庆主要受平直的偏西气流影响。这一类天气主要出现在秋季，由于北方没有明显的冷空气活动，在北方通常表现为秋高气爽的好天气，然而在四川盆地及重庆地区表现为受弱脊前偏西气流控制下的阴晴相间天气，日照相对较多，白天气温较高，昼夜温差较大，夜间容易出现逆温，大气边界层相对比较稳定，不利于污染扩散，容易造成污染物累积，出现持续性污染天气，平均污染物浓度也相对比较高。此类天气类型下三种污染物的平均浓度值是仅次于一槽一脊天气类型,其中 PM_{10} 和 SO_2 平均浓度分别达到 0.208 mg/m^3 和 0.126 mg/m^3,容易造成重庆主城区长时间的较重的污染,2009 年以后随着该类天气类型明显减少,污染物的年平均浓度下降也比明显。

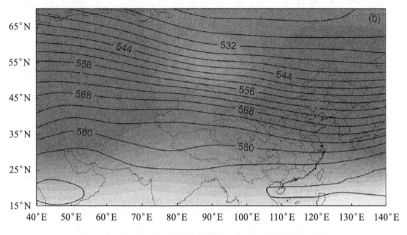

图 3.2　纬向环流天气类型 500 hPa 高度场合成图

两槽一脊(3 类)天气类型(图 3.3),两槽是分别位于乌拉尔山附近的低槽和我国东北低压大槽系统,一脊为两槽之间位于蒙古国以北的较强高压脊。高度值的正负距平中心位置均偏北,分别位于乌拉尔山西北侧和俄罗斯东西伯利亚地区,两槽相对平浅,而高脊势力强盛,中国大部地区受此高脊控制,北方地区环流经向度较大,南方地区相对要小。重庆地区受上述高脊底部的西偏北气流控制。此类天气类型主要出现在秋冬或冬春的过渡季节,属于北方冷空比较活跃的季节,通常是北方冷空气在乌拉尔山附近大量聚集时,四川盆地及重庆处于冷高压前的低压控制区,此类天气形势下,气压低,相对湿度大,日照相对较多,大气边界层相对稳定,容易造成污染物聚集,但随着北方冷空的入侵,容易出现降雨天气,会迅速清除大气中的空气污染物。

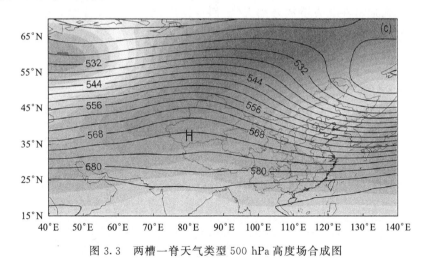

图 3.3　两槽一脊天气类型 500 hPa 高度场合成图

西高东低(4 类)天气型(图 3.4),从欧洲东部到中国东部为一强大高压脊,控制范围宽广,脊线位于 50°～70°E,位置相对偏西,高度正距平中心位于俄罗斯西西伯利亚地区,在中国沿海为较平浅的东亚槽,在东北地区东南部为高度的负距平中心。中国大部分地区受高脊控制,由于高脊主体偏西,从青藏高原到重庆地区的环流相对平直,呈弱脊状态,但为弱的高度负距平区。此类天气形势下,气压低,相对湿度小,云量多、日照少,主要以阴天为主,大气边界层相对稳定,容易造成污染物聚集。

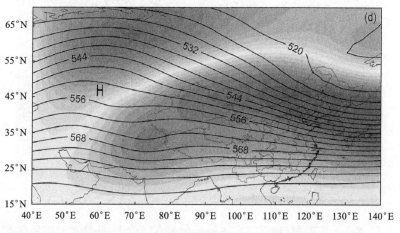

图 3.4　西高东低天气型 500 hPa 高度场合成图

低槽东移(5 类)型(图 3.5),在俄罗斯西伯利亚以东有强大的低压中心,在乌拉尔山附近的高脊不断增强发展(在距平上表现为较强的正距平),不断推动低压中心向东南移动。随着低压中心逐渐由西北向东南移动,低压大槽也逐渐由西向东移动,将冷空气不断由西向东、由北向南输送,逐渐影响我国。这种天气类型主要出现在秋冬和冬春交替季节,通常是冷空气活跃季节。在此类天气影响下,北方强冷空气爆发前重庆处于低压控制下的静稳期,随着时间的推移,天气由晴天逐渐向阴天转换,相对湿度会逐渐增大,云量逐渐增多,日照逐渐减少,城区大气边界层越来越相对稳定,污染物浓度出现逐渐增多现象。当低压大槽推动强冷空气南下时,通常在北方造成寒潮天气,而在重庆也会出现强降温和小雨天气,能够迅速清除前期聚集的污染物。

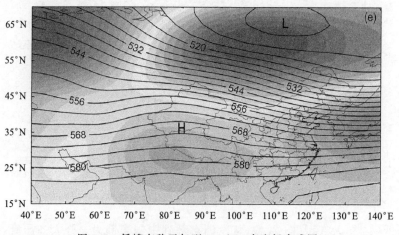

图 3.5　低槽东移天气型 500 hPa 高度场合成图

3.2　污染天气过程特征

通过大气环流聚类分析,从天气背景方面初步总结了容易造成重庆主城区空气污染的天气类型及主要特征。从前面的污染天气类型分类统计中发现,在每一类天气类型中均有大量连续污染天气过程(即连续 2 d 及以上出现轻度污染的天气过程)存在,说明长时间持续性污染具有相似的天气背景。下面重点讨论污染天气过程中气象要素的变化特征。

据统计,2002—2011 年 10 月至次年 3 月重庆主城区空气质量为轻度污染以上(空气污染指数 API>100)天气个例 669 d,其中单日污染为 78 d(即前后日 API≤100),仅占总污染日数的 11.7%,按连续 2 d 出现 API>100 为一次污染天气过程计算,共出现 111 个天气过程(表 3.3),主要的污染天气过程出现在 2~7 d 以内,占 81.1%,8~18 d 的污染天气过程个例相对较少。

表 3.3　污染天气过程统计表

天数	2 d	3 d	4 d	5 d	6 d	7 d	8 d 以上
天气过程数	21	24	13	11	13	8	21
占天气过程比例(%)	18.9	21.6	11.7	9.9	11.7	7.2	18.9

3.2.1　污染天气过程中天气特征

统计表明,在重庆市主城区冬半年 2~4 d 短期污染天气过程,主要天气特征是地面为低压或均压场,高空中高纬度盛行西北气流,无明显低槽活动,天气以阴天或阴晴相间为主。4 天以上的污染天气过程与冬半年冷暖空气交替活动有密切关系,地面天气系统特征主要表现为重庆地区地面处于蒙古高压南部、华北高压后部低压区或均压场控制区,中国境内高空中高纬度主要为弱的纬向环流,随着北方冷空的不断堆积,在高空槽的引导下,冷空气将逐渐南下,地面冷高压中心逐渐从蒙古中部、东部向南或向东南部移动,随着冷锋过境后冷空气逐渐从北部进入四川盆地或从重庆东部回流造成升压降温降雨天气,地面由低压转为冷高压控制,高空形势完成一次环流调整,相应污染天气也完成一次调整过程。污染天气维持时间与北方冷高压的维持到爆发(即冷空气在北方的堆积到大规模南下影响本地)的时间长短有关。污染天气过程中主要的天气特征表现为天气以阴晴相间为主,即使有降雨也以零星小雨为主,地面平均风速小,夜间辐射降温强的情况下还容易出现雾,气压变化幅度不大,污染前期以负变压为主,后期有弱的升压,基本上都会出现逆温,污染后期主要由阴天向小雨天气转变。

3.2.2　污染天气过程中污染物浓度变化特征

按照表 3.3 中污染天气过程分类,分别统计了不同持续时间段内 PM_{10}、SO_2、NO_2 三种污染物的平均浓度,总的趋势是污染天气过程持续时间越长,污染物的堆积越多,浓度就越高。因此,要降低年度污染平均值,就应当重点关注持续时间长的污染天气过程。

从 PM_{10} 不同连续污染天气过程中平均污染浓度曲线可以看出(图 3.6),单日污染平均浓度只有 0.187 mg/m³,2~4 d 污染天气过程,平均浓度逐步升高,到第 4 天平均浓度值达到 0.208 mg/m³,第 5 天、6 天平均浓度基本维持,到了第 7 天、8 天及以上平均浓度又迅速上升。因此可以认为,污染天气过程持续时间越长,PM_{10} 的堆积越多,浓度就越高。

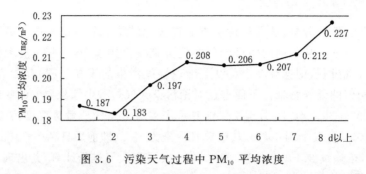

图 3.6　污染天气过程中 PM_{10} 平均浓度

从 SO_2 和 NO_2 不同连续污染天气过程中平均污染浓度曲线可以看出(图 3.7),5 d 以下的天气污染过程,SO_2 平均浓度的变化基本遵循污染天气过程持续时间越长,SO_2 的堆积越多,浓度就越高。6 d、7 d 平均浓度出现有降低趋势,可能跟个例数较少有关,8 d 以上平均浓度又明显回升到与 5 d 持平,达到 0.122 mg/m³。对于 NO_2 的平均浓度在不同连续污染天气过程中平均污染浓度变化不大,基本维持在 0.055～0.064 mg/m³,因为重庆主城区 NO_2 年均浓度都很小。

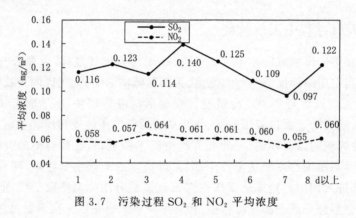

图 3.7　污染过程 SO_2 和 NO_2 平均浓度

3.2.3　污染天气过程中气象要素变化特征

由于重庆主城区每一次污染天气过程的污染持续时间主要集中在 2～7 d 内,因此,下面分析污染天气过程中本地气象要素(地面温度、气压、相对湿度、风速、日照、云量及降水)变化特征时主要以 2～7 d 天气过程为主。

在污染天气过程中,无论是 2～7 d 还是 7 d 以上的污染天气过程,其日平均温度变化总体趋势是在污染期温度是呈逐渐上升趋势,污染日的结束期温度有显著下降的趋势,24 h 变温更能够清楚地表现为污染期主要为正变温(图 3.8),且在污染初期平均变温幅度较大,主要在 0.5～1.5 ℃,污染中后期平均变温幅度较小,主要在 0～0.5 ℃,尤其在 4 d 以后污染过程天气中正变温更弱,污染结束日普遍是由于冷空气活动造成明显的负变温,平均变温幅度在 −2～1 ℃。因此,冷暖空气的交替活动是污染天气过程形成和结束的重要影响因素。

气压对空气污染物的影响比较复杂,不同地区有不同的特点。前面有关污染与天气系

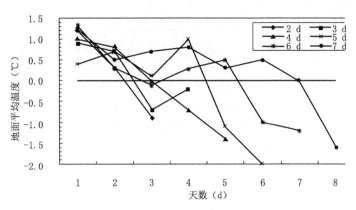

图 3.8　污染天气过程中 24 h 地面平均温度变化

(图中分别表示 *n* 天污染过程中均有 *n*+1 个值,其中第 *n*+1 表示污染结束日,如 2 d 中有 3 个值,
前两个值表示污染日,第 3 个值表示污染结束日,以此类推)

统的关系研究中都表明,低气压是不利于空气污染物扩散的,这可能与低气压控制下、风速小、逆温频率高、污染扩散条件差有关。通过比较分析污染天气过程中日平均气压变化趋势可以发现,在一次连续污染天气过程中日平均气压是逐渐呈下降趋势(图 3.9),即 24 h 变压表现为负变压,在污染天气过程结束期间有明显的升压趋势,即 24 h 变压表现为较强的正变压。在不同时间长度的污染天气过程中日平均气压的降幅是不一致的,一般来讲 4 天以内的短期污染天气过程平均气压总降幅相对较小,主要表现为均压场或弱低压控制。5~7 d 的中期污染天气过程中,前期(一般前 3 d)平均降压幅度较小,由前期的高气压缓慢向低气压转化,后期(一般 4 d 以后)平均气压降幅相对较大,气压逐步降低,最终转化为主要受低气压控制,在污染的结束日,普遍是由于冷空气入侵,通常会出现平均气压突变、气压陡升现象。对于 7 d 以上(图略)的天气过程中其气压变化总趋势仍然表现 24 h 变压为负变压,只是由于时间跨度大,中间会出现正负变压交替现象。

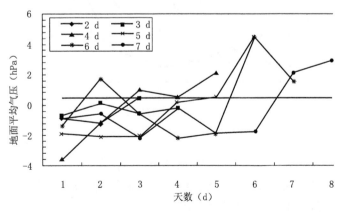

图 3.9　污染天气过程中 24 h 地面平均气压变化

在污染天气过程中,24 h 地面平均相对湿度变化趋势图可以看出(图 3.10),主要表现为湿度先降低,污染结束的后期湿度有显著增大趋势,而且在污染结束日呈陡增趋势,表现为天气由阴晴向雨天转化。污染天气过程越长,水汽在后期的陡增变化趋势越强。

31

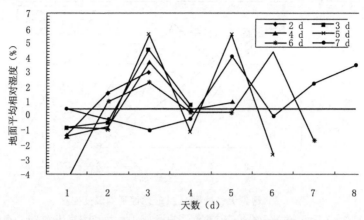

图 3.10　污染天气过程中 24 h 地面平均相对湿度变化

风是影响空气污染物扩散的重要因子,风速对空气污染物的稀释扩散和输送起着重要作,风速的大小与大气稀释扩散能力的大小之间存在着直接的对应关系。在污染天气过程中地面风速的变化趋势不大(图 3.11),基本维持在 1～1.5 m/s,尤其在 6～7 d 较长污染过程中,平均风速更小仅为 1.1 m/s 左右,污染物水平扩散能力较弱。在污染结束期风速有明显增大的趋势,使得污染物水平扩散变得更加有利,从而污染物浓度呈现下降趋势。此外,L波段雷达探空资料也表明,在污染期间近地层风垂直变化也很小,100 m 以下多静风,100～300 m 平均风速在 1～2 m/s,污染物的垂直扩散能力较弱。

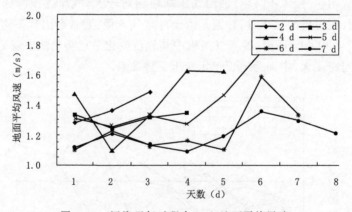

图 3.11　污染天气过程中 24 h 地面平均风速

通过统计污染天气过程中 24 h 平均日照时数变化,在污染过程的前期日照时数长,随着时间的推移,日照时数逐渐减少,日照时数的减少说明云量逐渐增加,污染过程越长,平均日照总数也相对越短,平均总云量呈增加趋势。

此外,许多研究都表明,降水对空气污染物具有清除作用,降雨是清除污染物的有利气象因素,但是雨量的大小、降水持续时间的长短对污染物的清除效果是不一样的,通常降水天气的出现是一次污染天气过程结束的标志,我们将在后面详细分析。

3.3　气象要素与污染物浓度的相关性

3.3.1　地面气象要素与污染物浓度的年际变化相关性

在第 2 章中统计分析发现,2002 年以来,重庆主城区三种污染物年平均浓度总体呈下降趋势,为了分析污染物浓度年际变化与气象要素的关系,以 PM_{10} 为例,分别按照冬半年和夏半年进行统计。结果表明(图 3.12),2002 年以来,夏半年 PM_{10} 平均浓度的年际变化呈逐年下降趋势,冬半年 PM_{10} 平均浓度的年际变化总体呈逐年下降趋势,但在 PM_{10} 平均浓度 2009 年和 2010 年略有上升。通过计算 PM_{10} 平均浓度与部分气象要素平均值的相关性发现,PM_{10} 平均浓度并非与所有的气象要素都有好的相关性,在不同的季节里,不同的气象要素对污染物浓度影响所起的主导作用也是不一样的。从冬半年气象要素平均值与 PM_{10} 浓度平均值相关性可以发现(表 3.4),冬半年的总降雨量与 PM_{10} 浓度的相关系数为 -0.62(通过 $\alpha=0.05$ 信度检验),具有较好的相关性,冬季总降雨量越大(一般来说雨日也越多),PM_{10} 浓度越低,说明在冬半年易污染时期内降雨对污染物湿清除作用占主导地位(详见第 6 章)。由于风速和温度在冬半年的年际变化趋势并不明显,尽管 PM_{10} 浓度与平均风速和温度相关系数较大,但不是负相关,并不具有物理意义。从夏半年气象要素平均值与 PM_{10} 浓度平均值相关性可以发现(表 3.5),夏半年平均温度与 PM_{10} 浓度的相关系数为 -0.42(未通过信度检验),可以认为具有一定的相关性,夏半年温度越高,PM_{10} 浓度越低,说明在夏半年温度高,大气垂直扩散能力强,对污染物浓度具有较好的降低作用。相反,尽管夏季降雨量大,与污染物浓度的相关性并不好,其主要原因是夏季的强降水比较集中,由于夏季扩散条件好,污染物浓度低,同样降雨量对污染物的清除率比冬季低。综合上述结果,如果在冬半年降水越多,夏半年温度越高,污染物的年均浓度就会相对较低。

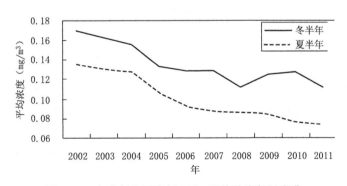

图 3.12　冬半年和夏半年 PM_{10} 平均浓度年际变化

表 3.4　冬半年气象要素平均值与 PM_{10} 浓度平均值相关性

年度	PM_{10} 浓度(mg/m³)	平均温度(℃)	降雨量(mm)	平均气压(hPa)	相对湿度(%)	风速(m/s)
2002	0.170	13.4	213.3	989.2	82.3	1.6
2003	0.164	12.9	151.4	989.7	82.0	1.5
2004	0.155	12.2	284.4	990.4	81.6	1.3

年度	PM$_{10}$浓度(mg/m^3)	平均温度(℃)	降雨量(mm)	平均气压(hPa)	相对湿度(%)	风速(m/s)
2005	0.133	12.0	235.2	990.5	80.2	1.3
2006	0.129	12.5	266.8	989.7	82.2	1.3
2007	0.129	13.3	230.0	989.4	84.4	1.2
2008	0.112	12.1	346.5	990.7	86.2	1.2
2009	0.125	13.0	192.7	988.6	83.0	1.3
2010	0.128	12.9	236.3	988.4	79.4	1.2
2011	0.112	12.0	350.3	990.7	76.6	1.3
PM$_{10}$与气象要素相关系数		0.45	**−0.62**	−0.19	0.06	0.82

表 3.5 夏半年气象要素平均值与 PM$_{10}$ 浓度平均值相关性

年度	PM$_{10}$浓度(mg/m^3)	平均气温(℃)	降水(mm)	平均气压(hPa)	相对湿度(%)	风速(m/s)
2002	0.136	24.3	1217.3	977.5	78.8	1.8
2003	0.131	24.9	881.1	976.8	78.7	1.8
2004	0.128	24.6	897.7	977.8	74.4	1.4
2005	0.107	25.3	784.6	976.8	75.9	1.5
2006	0.093	26.0	572.8	976.2	67.2	1.6
2007	0.088	24.8	1209.2	977.3	78.3	1.5
2008	0.087	25.0	616.2	976.9	78.8	1.4
2009	0.085	25.1	1006.2	977.0	76.8	1.4
2010	0.077	24.4	808.4	977.6	75.7	1.4
2011	0.074	25.7	487.5	976.5	63.8	1.6
PM$_{10}$与气象要素相关系数		**−0.42**	0.45	0.33	0.43	0.57

3.3.2 地面气象要素与污染物浓度的日变化相关性

此外,第 2 章中研究还表明,三种污染物的逐时平均浓度有着独特的日变化特征,于是试图在地面气象要素变化中寻找规律性。以 57516(主城城区内国家基本气象站)气象观测站资料为例,4 类主要气象要素(温度、气压、风速、相对湿度)冬半年逐时平均值也具有典型的日变化特征(全年也具有同样的特征,只是值的大小有差异,本书为了保持气象与污染资料时间的一致性,仅选取了 2009—2011 年 10 月至次年 3 月的逐时气象资料计算平均)

从图 3.13 可以看出,城区内逐时地面平均温度、气压、风速、相对湿度都具有各自独特的变化特征,但是从四种气象要素与三种污染物浓度的相关性看(表 3.6),平均气压和风速与三种污染物浓度呈负相关关系,相关系数在−0.13~−0.20,相关性相对较好,相对湿度与 SO$_2$、NO$_2$ 浓度呈负相关关系,相关系数为−0.20,但是相对湿度与 PM$_{10}$ 相关性不好,温度与三种污染物浓度的相关性均较差。此外,从不同风向上的平均风速与相应风向上 PM$_{10}$的平均浓度对比(图 3.14),可以看出重庆主城区在 WNW—NNE 风向上平均风速较大,PM$_{10}$ 的平均浓度相对也较低,相应在 SSE—W 风向上平均风速较小,PM$_{10}$ 的平均浓度较高,静风时 PM_{10} 的平均浓度最高。可以简单地认为地面风速大利于污染水平扩散,污染物浓度可能会降低;地面气压低,存在下沉气流,不利于污染垂直扩散,污染物浓度高;相对湿度大时, SO_2 、 NO_2 易被水汽吸附,浓度降低,但是温度对污染物浓度的影响的规律性不明显,存在着复杂性。因此,地面气象条件的变化对污染物浓度变化是有影响的,但是还不能很好的解释污染物浓度的日变化趋势。

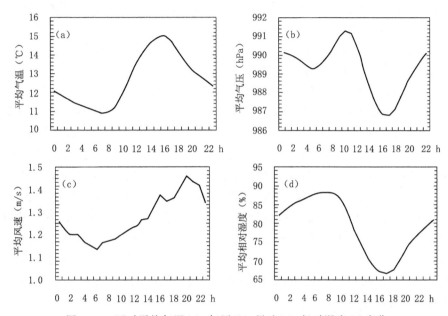

图 3.13　逐时平均气温(a)、气压(b)、风速(c)、相对湿度(d)变化

表 3.6　在无降雨情况下污染物浓度与气象要素的相关性

相关系数	SO_2	NO_2	PM_{10}
温度	0.09	0.09	-0.084
气压	-0.187	-0.201	-0.127
相对湿度	-0.20	-0.20	0.033
风速	-0.157	-0.138	-0.205

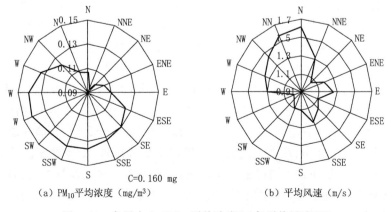

(a) PM_{10} 平均浓度 (mg/m³)　　　　(b) 平均风速 (m/s)

图 3.14　各风向上 PM_{10} 平均浓度(a)与平均风速(b)

3.3.3 逆温与污染物浓度的相关性

许多研究都表明,稳定的大气状态不利于空气污染物的扩散,而逆温又是大气稳定度的标志,逆温的出现表征大气层结稳定,它就像"盖子"一样抑制了近地面空气中的热量、动量、水汽、污染物等的垂直输送和扩散,使之大量聚集在对流层底部,从而加剧了空气污染的程度。因此,很有必要分析重庆主城区逆温对污染物的影响。边界层逆温根据逆温是否接地分为贴地逆温和脱地逆温,贴地逆温是从地表开始的逆温,而脱地逆温是从一定高度开始的逆温,本书只研究逆温层层底高度小于 1500 m 的逆温层,不包括等温层。

3.3.3.1 重庆主城区逆温特点

通过统计 2005—2011 年重庆主城区冬半年逆温情况,结果表明(表 3.7),08:00 出现逆温频率为 72%,贴地逆温占逆温的 53%,平均逆温强度为 0.6 ℃/100 m,平均逆温厚度为 109 m,脱地逆温占逆温的 47%,平均逆温强度为 0.38 ℃/100 m,平均逆温厚度为 94 m;20:00 出现逆温频率为 67%,贴地逆温占逆温的 43%,平均逆温强度为 0.72 ℃/100 m,平均逆温厚度为 62 m,脱地逆温占逆温的 57%,平均逆温强度为 0.38 ℃/100 m,平均逆温厚度 98 m。与北方城市相比,如北京城区贴地逆温强度年平均为 0.91 ℃/100 m,平均厚度为 100~350 m,脱地逆温强度年平均为 0.55 ℃/100 m,平均厚度 200~350 m(夏恒霞,2004);兰州市冬半年逆温发生频率平均高达 81%,冬季逆温发生频率为 96%,贴地逆温层厚度年平均为 564 m,强度为 0.47 ℃/100 m,冬季平均厚度为 740 m(姜大膀 等,2001)。可以明显看出,重庆的逆温无论是在逆温强度还是逆温厚度相比北方城市都是比较弱的。

表 3.7　重庆主城区逆温强度与逆温厚度

时次	逆温	强度(℃/100 m)	厚度(m)
08:00	贴地逆温	0.60	109
	脱地逆温	0.38	94
20:00	贴地逆温	0.72	62
	脱地逆温	0.38	98

重庆主城区这种逆温强度弱、厚度薄的特点,与重庆昼夜温差小有着重要的关系。重庆冬半年平均日最高最低温度差为 5.2 ℃(表 3.8),其中 1 月和 12 月平均日最高最低温度差只有 4 ℃左右,而北方冬半年昼夜温差一般在 10 ℃以上。从表 3.9 可以看出,日最高最低温度差与 08:00 逆温强度和厚度的相关性比较好,相关系数分别为 0.32 和 0.46,与 20:00 逆温强度相关性较好,相关系数为 0.27,与 20:00 逆温厚度相关性较差,由此可知昼夜温差越大,夜间逆温会越强,逆温厚度也越厚。这种现象从物理上可以解释为,日落后下垫面温度开始降低,与之相接的大气也很会相应降温,但由于陆地比大气热容小,因而陆地降温速率快,大气降温率慢,这样就造成与下垫面相接的近地气层冷却强烈,较高气层冷却较慢,形成从地面开始向上气温递增,从而造成大气边界层下层温度低,上层温度高的逆温结构,相应昼夜温差越大,边界层下层大气降温速率越快,上下层大气温差就越大,逆温也就越强了,由于重庆昼夜温差小,地面降温幅度不大,也不会造成边界层上下层大气温差出现较大的变化,这也就是为什么重庆逆温不强的原因。

表 3.8　重庆冬半年平均日最高最低温度差

月份	1	2	3	10	11	12	平均
温差(℃)	4.2	5.8	7.4	5.2	5.0	3.7	5.2

表 3.9　最高最低温度差与逆温的相关性

相关系数	08:00		20:00	
	逆温强度 (℃/100m)	逆温厚度 (m)	逆温强度 (℃/100m)	逆温厚度 (m)
温差(℃)	0.32*	0.46*	0.27*	0.02

* 表示通过 α=0.01 信度检验。

3.3.3.2　重庆主城区逆温与污染物浓度的相关性

根据边界层理论,逆温层厚度越厚、逆温强度越强,大气越稳定,污染扩散能力越弱,地面空气污染物浓度越高。从表中可以看出(表 3.10),3 种污染物与贴地逆温相关性好于脱地逆温。无论是 08:00 还是 20:00 PM_{10} 和 NO_2 与贴地逆温强度和厚度相关性较好,相关系数在 0.19～0.36,其中 08:00 贴地逆温强度与 PM_{10} 和 NO_2 的相关系数分别为 0.25 和 0.36,与 SO_2 的相关系数仅为 0.09。PM_{10} 和 NO_2 与 08:00 脱地逆温层底高度有一定的相关性,相关系数分别为 0.16 和 0.28,脱地逆温强度和厚度与 3 种污染物相关性都比较差。因此可以认为,重庆主城区夜间贴地逆温强度越强、厚度越厚,不利于污染物的扩散,污染物的累积也会越多,浓度也相对越高,但是脱地逆温对污染物浓度的影响不大。

表 3.10　污染物浓度与逆温相关系数

时段		逆温参数	PM_{10}	SO_2	NO_2
贴地逆温	08:00	强度	0.25*	0.09**	0.36*
		厚度	0.21*	0.05	0.33*
	20:00	强度	0.19*	-0.01	0.33*
		厚度	0.20*	0.04	0.23*
脱地逆温	08:00	强度	-0.01	-0.04	0.03
		厚度	-0.02	-0.10*	0.02
		逆温层底高度	-0.16*	-0.04	-0.28*
	20:00	强度	0.02	0.08	0.04
		厚度	-0.05	-0.01	-0.01
		逆温层底高度	-0.02	0.05	-0.05

* 表示通过 α=0.01 信度检验,** 表示 α=0.05 信度检验。

3.3.3.3　污染物与逆温层内气象要素相关性

根据前面的分析,虽然污染物(PM_{10}、SO_2、NO_2)浓度与贴地逆温强度和厚度具有一定的相关性,但相关系数并不高。通过统计三种污染物浓度与低空逆温层内平均风速、平均相对湿度和平均温度露点差的相关性,却发现具有较好的相关性(表 3.11),其中三种污染物浓度与平均风速和温度露点差呈负相关关系,与平均相对湿度呈正相关关系。在 8:00,PM_{10}、SO_2 与风速的相关系数分别为 -0.65、-0.53,负相关性比较好,NO_2 与风速的相关系数为

-0.15,相关性稍差,但在 20:00,三种污染物与风速的相关系数差不多均在 -0.6 左右,负相关性比较好。一般情况下,温度露点差越大,水汽条件越差,相对湿度应该越小,空气越干燥,因此相对湿度与温度露点差呈反相关。但从三种污染物与温度露点差与相对湿度的相关系数看出,无论在 08:00 还是 20:00,三种污染物与温度露点差相关性好于与相对湿度的相关性,其中 20:00 温度露点差与 PM_{10}、SO_2、NO_2 的相关系数分别为 -0.69、-0.61、-0.27,比 8:00 的相关性更好一些。NO_2 与逆温层内三种气象要素相关性最差,可能与重庆主城区 NO_2 的平均浓度值较低且变化幅度小有关。总之,三种污染物中 PM_{10} 与平均风速、平均相对湿度和平均温度露的相关性最好,其次为 SO_2,最差为 NO_2,可以认为在有逆温存在的情况下,如果风速越大,空气越干燥,污染扩散能力越强,污染物浓度越低。

表 3.11　三种污染物与逆温层内气象要素相关系数

逆温层内气象要素	时段	PM_{10}	SO_2	NO_2
风速	08:00	-0.65	-0.53	-0.15
	20:00	-0.62	-0.60	-0.63
相对湿度	08:00	0.48	0.33	0.18
	20:00	0.59	0.47	0.11
温度露点差	08:00	-0.61	-0.49	-0.32
	20:00	-0.69	-0.61	-0.27

此外,从不同高度上逆温强度变化趋势可以看出,随着高度的增加逆温强度是逐渐减弱的,一般 300 m 以下的逆温较强,尤其以贴地逆温最强。按照不同高度上出现逆温,对应同时段污染物浓度,在 08:00,对于地面 PM_{10} 和 NO_2 在逆温层底 600 m 以下,随着逆温层高度的增加,地面 PM_{10} 和 NO_2 平均浓度呈下降趋势,当逆温层底超过 600 m 时,对地面 PM_{10} 和 NO_2 平均浓度影响不大。对于 SO_2 在逆温层底 300 m 以下,随着逆温层高度的增加,污染物平均浓度呈下降趋势,当逆温层底超过 300 m 时,对地面 SO_2 平均浓度影响不大。在 20:00,对于地面 PM_{10}、SO_2 和 NO_2 三种污染物在逆温层底 300 m 以下,随着逆温层高度的增加,平均浓度呈下降趋势,当逆温层底超过 300 m 时,对地面污染物平均浓度影响不大。这种现象表明:逆温层底越低,逆温强度也越强,平均风速也越小,地面空气污染物的扩散能力越弱,浓度值越高,污染越严重。

总之,通过逆温对污染物的影响分析,可以认为,重庆主城区逆温对污染扩散有一定的影响,可能由于逆温强度不强、厚度不厚等原因造成重庆主城区冬半年轻度污染天气相对较多,而很少出现中度以上污染天气,这一点与北方城市存在一定的差异。

3.4　边界层气象条件对污染的影响机制

空气污染物排放进入大气层,其活动决定于各种尺度大气过程,首先是受大气边界层活动支配。大气边界层是直接受地表影响最强烈的垂直气层,有时也称为行星边界层,大气边界层的厚度随天气条件、地表特征等有明显差异,一般在 1000~2000 m。在这一层里,气流受地面摩擦力和下垫面地形地物的影响,并受这一层里的动量、热量、水汽和其他物质的输送及其通量的支配。因此,空气污染物的传输和扩散与大气边界层有直接关系。污染物从污染源排出后,一方面随风水平传输,风速越大污染物被传输得越远,对污染物的稀释冲淡作用越强;另一方面污染物也会因湍流作用而在边界层内上下扩散。因此,研究分析大气边界层对污染物的影响具有重要的意义。

前面分析了重庆主城区污染天气大气环流特征、污染天气过程中地面气象要素的变化特征以及部分气象要素与污染物浓度的相关性,初步了解了污染与气象条件的关系。下面按照雾天、晴天、阴天三种天气背景分类,通过对比有污染与非污染情况边界层气象条件变化特征,来进一步探讨边界层气象条件对污染的影响机制。

3.4.1　资料与方法

由于有无降水时的边界层气象条件对污染物影响的物理机制不一样,本节主要讨论非降水情况下边界层风、气温和湍流对污染的影响。在边界层风和气温对污染的影响机制研究中,我们主要选取了 2009—2011 年 10 月至次年 3 月(冬半年)的天气个例,按照雾天、晴天、阴天三种天气背景进行分类对比分析。在湍流对污染影响分析中,由于计算湍流动能需要分钟级加密观测资料,仅采用典型个例分析的方式来初步探讨重庆主城区边界层湍流动能对污染物浓度的影响。

由于重庆主城区探空资料只有 08:00 和 20:00 两个时次资料,为了弥补探空资料的时间密度缺陷,借助重庆主城区特殊的地理特点,可以利用山顶和山脚下地面气象观测资料来代替高低空观测(表 3.12,图 3.15),其中 A 点代表主城西面山脚下气象观测站,B 点为与 A 对应主城西面山上气象观测站,C 点代表城区内气象观测站(图 3.16)。

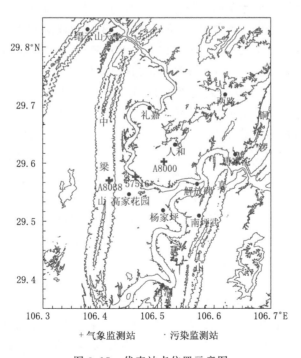

+气象监测站　·污染监测站

图 3.15　代表站点位置示意图

表 3.12　代表站点基本信息

序号	站号或代号	经度(°E)	纬度(°N)	海拔高度(m)
A	57516	106.461	29.576	259
B	A8038*	106.415	29.570	518
C	A8000*	106.511	29.602	342

注:带 * 的站点为区域自动气象站

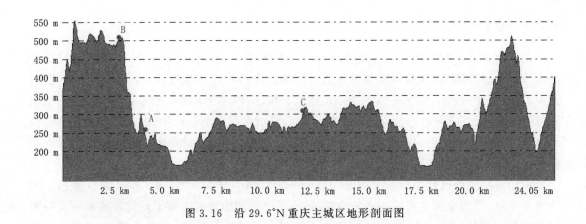

图 3.16　沿 29.6°N 重庆主城区地形剖面图

3.4.2　边界层风对污染的影响

空气相对于地面的水平运动形成风,风有方向和大小。排放到大气中的污染物在风的作用下,会被输送到其他地区,风愈大,单位时间内污染物被输送的距离愈远,混入的空气量愈多,污染物浓度愈低,所以风不但对污染物进行水平搬运,而且有稀释冲淡作用。下面,我们按照雾天、晴天、阴天三种天气背景分类,对比有污染与非污染情况边界层风的变化特征。

从探空曲线可以看出,在有雾天气背景下(图 3.17),无论是 08:00 还是 20:00,从地面到高空均是有污染时的平均风速小于非污染时的平均风速,在 200 m 以上逐渐增大,尤其是在 200~1000 m 高度层内风速差别更大。在 200~1400 m 高度层内,在 08:00 有污染时平均风速为 3 m/s,非污染时平均风速为 4 m/s,在 20:00 的 200~1000 m 高度层内,有污染时平均风速为 3~4 m/s,非污染时平均风速为 4~5 m/s,污染和非污染平均风速差在 1 m/s 以上。在晴天气背景下(图 3.18),无论是 08:00 还是 20:00,从地面到高空也是污染时的平均风速小于非污染时的平均风速,只是在 08:00 的变化趋势不及 20:00 变化明显;在 08:00,污染与非污染风速差主要体现在 200~500 m 高度层内,平均风速差为 0.5 m/s 左右,500 m 以上变化不明显;在 20:00 污染与非污染风速差主要体现在 150~1000 m 高度层内有污染时平均风速为 2.5~4 m/s,非污染时平均风速为 4~5 m/s,污染和非污染平均风速差在 1~1.5 m/s 以上。在阴天气背景下(图 3.19),在 08:00,污染与非污染风速差主要体现在 100~500 m 高度层内,平均风速差为 0.5 m/s 左右,500 m 以上变化不明显;在 20:00 污染与非污染风速差主要体现在 600~1000 m 高度层内污染和非污染平均风速差在 1~1.5 m/s。

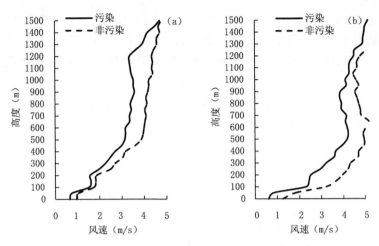

图 3.17 雾天 08:00(a)、20:00(b)平均风速探空曲线

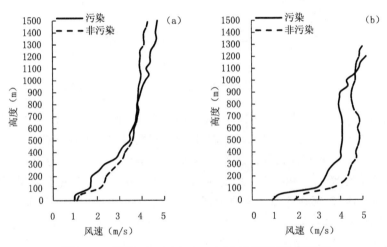

图 3.18 晴天 08:00(a)、20:00(b)平均风速探空曲线

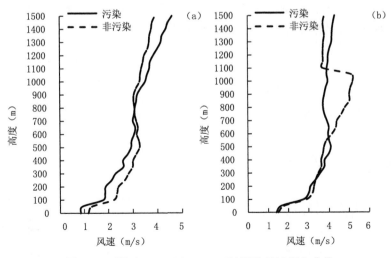

图 3.19 阴天 08:00(a)、20:00(b)平均风速探空曲线

因此可以认为,在不同的天气背景下,由于重庆主城区近地层平均风速都比较小,高空风速的大小与污染有着直接的联系,风速越大越有利于污染物的垂直扩散,不容易造成污染。

由于探空资料只有08:00和20:00两个时次,可以简单反映夜间和白天边界层变化对污染的影响,但是还不足以解释污染物在不同天气背景下日变化特征(以 PM_{10} 为例,图3.20)。因此,利用具有高度差的地面气象观测站逐时资料来代替探空资料,分析边界层气象条件日变化对污染日变化的影响。

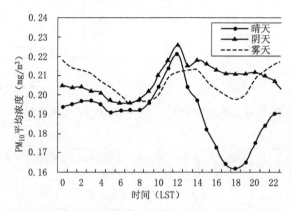

图3.20　雾天、晴天和阴天背景下 PM_{10} 平均逐时浓度

从边界层风逐时变化可以看出,在有雾天气条件下,从山脚下(57516)和山顶上(A8038)风速逐时变化趋势显示(图3.21、图3.22),有污染时地面风速在 $1\sim1.3$ m/s,高空风速为 $1.0\sim1.9$ m/s,尤其在夜间高低空的风速都非常小,大气呈现稳定状态,08:00 以后虽然高空风有增大趋势,09:00—15:00 达到 $1.5\sim1.9$ m/s,但是由于低层仍然维持 $1\sim1.2$ m/s 较小的风速,使得在地面污染排放增加的时间内,污染向上扩散能力弱,污染物出现大量累积,此外由于高层风速大,低层风速小,还可能出现上层污染物向下输送的情况(与风向有关系),造成更严重的污染;而非污染时地面风速在 $1.2\sim1.5$ m/s,高空风速为 $1.3\sim2.1$ m/s,在夜间高空风都基本维持在 $1.4\sim2.0/$m/s,尤其在 09:00—12:00 高低空风速都基本维持在 $1.5\sim2.0$ m/s,且地面风速比高空风速大,有利于地面污染物向上输送,从而使得在地面污染排放增加的时间内抑制了污染物的累积。

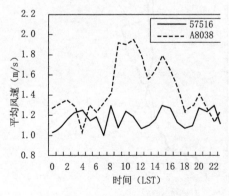

图3.21　雾天有污染平均风速

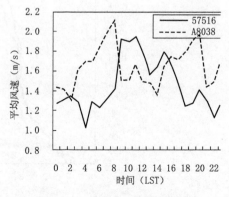

图3.22　雾天无污染平均风速

　　在晴天条件下,从 57516 和 A8038 风速逐时变化趋势显示(图 3.23、图 3.24),有污染时地面和高空风速都随着时间的推移呈逐渐增大的趋势,尤其在夜间 00:00—08:00,高低空风速基本均维持在 0.9～1.2 m/s,大气状态非常稳定。10:00 以后高空风速才缓慢增大,但地面风速增速较小,14:00 以后高低空风速明显增大,地面风速在 1.3～1.6 m/s,高空风速达到 1.6～1.9 m/s,由于高低空风速都增大,有利于地面污染物向上输送。而在非污染时,夜间 00:00—08:00,高低空风速在 1.2～1.4 m/s,10:00 以后高低空风风速都明显增大,10:00—20:00 地面风速维持在 1.4～1.7 m/s,高空风速为 1.5～2.0 m/s,较有利于地面污染物向上输送,从而降低地面污染物浓度。

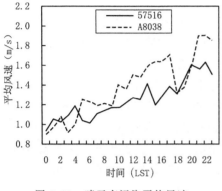

图 3.23　晴天有污染平均风速

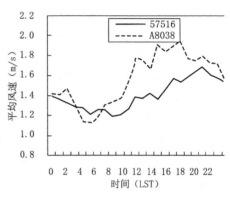

图 3.24　晴天无污染平均风速

　　阴天条件下,从 57516 和 A8038 风速逐时变化趋势显示(图 3.25、图 3.26),有污染时地面和高空风速都随着时间的推移呈逐渐增大的趋势,但是风速增加的绝对值很小,尤其在 00:00—12:00,高低空风速基本都维持在 0.8～1.2 m/s,大气处于非常稳定状态,容易造成污染物的大量累积。13:00 以后高空风速才出现增大趋势,地面风速在 1.2～1.4 m/s,高空风速为 1.3～1.6 m/s,地面污染物向上输送和水平扩散能力都比较弱。在非污染时,地面风速变化不大基本维持在 1.1～1.4 m/s,高空风速为 1.2～1.7 m/s。

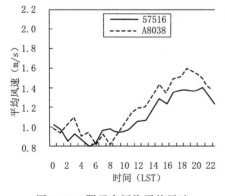

图 3.25　阴天有污染平均风速

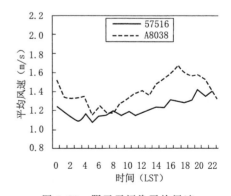

图 3.26　阴天无污染平均风速

3.4.3　边界层温度变化对污染的影响

　　气温的垂直分布表征大气层结的稳定度,直接影响湍流活动的强弱,支配空气污染物的散布。同样,我们按照雾天、晴天、阴天三种天气背景分类,对比有污染与非污染情况边界层温度的变化特征。

由于 57516 和 A8038 两个站点高差为 251 m,由于重庆特殊的地理条件,近地逆温层主要集中在 0~200 m,因此两站的温度差 σT($\sigma T = T_A - T_B$,T_A 表示 A 点的温度,T_B 表示 B 点的温度)可以很好表征重庆城区近地层大气层结状况。由于对流层大气的主要热源是地面长波辐射,离地面越高,受热越少,气温就越低,因此对流层中气温随高度升高而降低,一般平均每上升 100 m,气温约降低 0.6 ℃。按此计算,在海拔高度相差约 250 m 的情况下,高低空温差应该在 1.6 ℃左右,如果 $\sigma T < 1.6$ ℃ 时,可以认为城区近地面存在逆温层现象,数值越小逆温越强。

从图中可以看出(图 3.27、图 3.28、图 3.29),在三种天气背景下,污染天气高低空温差比非污染天气温差要小,在夜间基本都存在逆温。由于在雾天和晴天夜间基本为无云和少云天气,大气辐射降温强。对比污染和非污染的情况,雾天有污染时一般在 00:00—11:00 逆温较强,在 12:00 以后逆温才逐渐减弱消失,雾开始消散,雾天非污染时也同样出现逆温,但是强度要弱些;在晴天有污染时,00:00—10:00 逆温较强,一般在 11:00 以后逆温开始减弱消失,在晴天非污染时,00:00—10:00 逆温较弱,一般在 11:00 以后近地层逆温基本完全消失。而在阴天时,由于夜间有大量的云层覆盖,有污染时在近地层会出现弱的逆温,逆温出现时间一般出现在 04:00—09:00,白天一般很少出现逆温,非污染时,一般不会出现逆温。

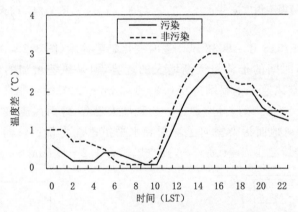

图 3.27　雾天污染与非污染情况下高低空温差时间变化

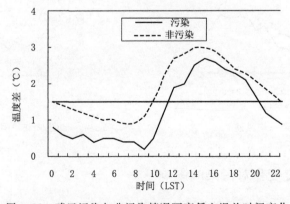

图 3.28　晴天污染与非污染情况下高低空温差时间变化

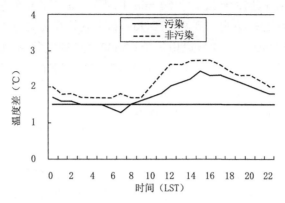

图 3.29　阴天污染与非污染情况下高低空温差时间变化

3.4.4　边界层湍流对污染的影响

根据边界层理论,气流或风可以分为平均风速、湍流和波动三大类。大气边界层内主要的物理过程就是湍流运动引起的各种物理量,包括热量、水汽、动量和各种物质如污染物的湍流交换和输送,这种湍流交换过程决定了边界层内各种变量的空间分布和时间变化,湍流输送的结果是将各种量由高值区向低值区输送,如污染物由源区输向低污染区。污染物在大气中水平方向的平流输送主要由平均风速来完成,它比水平方向的湍流输送大很多,但垂直方向的输送主要由湍流输送来完成,因此湍流的强弱决定了湍流对污染垂直输送过程的强弱。研究湍流或波动的一般方法是把风分解为平均和扰动两部分,平均部分表示平均风速的影响,扰动部分则表示波的影响或叠加在平均风速上的湍流影响,因此湍流即叠加在平均风速上的阵风。前面已经讨论了不同天气背景下高低空风对污染扩散的影响,下面主要以个例分析的形式初步讨论湍流对污染扩散的影响。选取的天气个例为 2009 年 11 月 8—11 日一次连续污染天气过程,8 日为雾天,浓雾出现于 08:00,消散于 12:21,最小能见度300 m,9 日为晴天,10 日为阴天,11 日为阴天有短时多云,其中 8—10 日为轻度污染,11 日为污染结束日。

3.4.4.1　湍流分析方法

在湍流研究中简易分离湍流变化的方法是,通过在 30 min 到 1 h 周期上求风速测值平均,就能够消除湍流速度对平均速度的正负偏差,一旦有了任何周期的平均速度 $\overline{V}$,就可以把它从瞬时实测风速 V 中减去,得到的就是湍流 V':

$$V' = V - \overline{V}$$

由于湍流动能可以表征湍流的强度,为了分析湍流对污染扩散的影响,利用高时间分辨率的风观测资料计算单位质量湍流动能。单位质量平均湍流动能定义如下:

其中:

$$u' = u - \overline{u}$$
$$v' = v - \overline{v}$$
$$w' = w - \overline{w}$$

其中,u'、v'、w' 分别表示风的 u、v 分量的扰动量和垂直速度 w 的扰动量,将 2 min 平均风资料当作瞬时风进行 u、v 分解,连续 3 个 10 min 平均风的 u、v 分量的平均值作为 $\bar{u}$、$\bar{v}$。由于在实际大气中 u、v 分量比 w 要大一到两个数量级,因此在计算湍流动能时可以忽略略 w' 值。

利用重庆主城区内(A8000)和城边山顶上(A8038)自动气象站 2009 年 11 月 8—11 日连续观测的每 2 min 和 10 min 平均风向风速资料计算 TKE/m ,分别表示城区地面和 200 m 高空的单位质量湍流动能。

3.4.4.2 不同天气背景下湍流动能的变化

在一般天气情况下,随着夜幕的降临,大气边界层逐渐趋于稳定,大气的湍流运动也会明显减弱。从 TKE/m 的时间变化(图 3.30)可以看出,在 8 日夜间湍流运动较弱,尤其 03:00—07:00,无论是城区地面还是 200 m 高空上的湍流动能都非常弱,高空和地面基本没有湍流发生,大气处于非常稳定的晴空状态。随着夜间温度的逐渐降低水汽逐渐达到饱和,由于没有湍流的发生,加上 PM_{10} 浓度较高,有充足的凝结核来吸附水汽,对形成雾提供了良好的物理条件。此外,07:00 左右相对湿度到达了 99%,在水汽的主要吸附作用下 PM_{10} 浓度也降到最低值,雾基本完全生成。07:00—10:00 城区地面和高空仍然维持着弱的湍流,使得雾能够得到持续,11:00 以后,在日照的作用下城区地面和 200m 高空的湍流逐步增强,TKE/m 达到 0.3 m^2/s^2 以上,雾也逐渐消散。尤其在 13:00 以后,随着雾的完全消散,日照显著增强,湍流得到明显发展,15:00 湍流发展最旺盛,地面 TKE/m 达到 1.0 m^2/s^2,PM_{10} 浓度呈明显下降趋势,21:00 前后城区内地面湍流明显减弱,PM_{10} 浓度又开始逐渐上升。因此,夜间无湍流发生、水汽和凝结核充足时对形成雾是十分有利的。

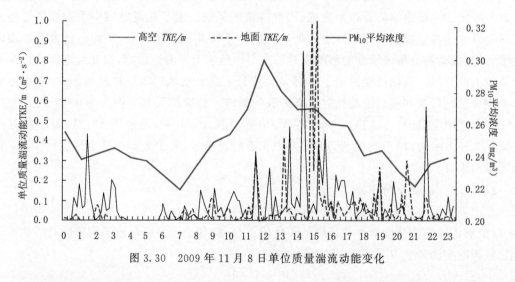

图 3.30　2009 年 11 月 8 日单位质量湍流动能变化

从图 3.31 可以看出,9 日夜间城区地面和 200 m 高空湍流动能仍然较弱,与 8 日夜间比较存在一定的差异,9 日夜间 00:00—07:00 期间城区地面和 200 m 高空都一直存在弱的湍流,TKE/m 平均在 0.1 m^2/s^2 左右,虽然夜间均为晴空且相对湿度都比较大,达到 90% 以上,但由于一直有湍流的发生,9 日的凌晨并没有出现雾,可能是由于没有起雾消耗凝结核,PM_{10} 浓度的降低速度相对 8 日凌晨慢。正因为 9 日凌晨没有雾和云的影响,在 12:00—14:00 期间由于日照强,高空湍流明显增强,TKE/m 达到 0.7～1.0 m^2/s^2,大气的垂直扩散能力也显著增强,因而 PM_{10} 浓度呈现快速下降趋势。17:00—18:00 随着湍流的减弱,PM_{10} 浓度降速减弱呈逐步增加趋势，20:00 以后随着湍流的再次增强，PM$_{10}$ 浓度又呈现下降趋势。

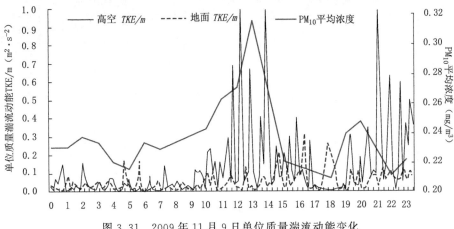

图 3.31　2009 年 11 月 9 日单位质量湍流动能变化

在阴天天气背景下，10 日夜间由于有大量的云层覆盖，从 TKE/m 的时间变化可知（图 3.32），虽然在夜间地面湍流较弱，但是在高空湍流却比较强，TKE/m 达到 0.2～0.7 m^2/s^2，大气并未完全处于稳定状态，在白天高空和地面的 TKE/m 基本都维持在 0.2～0.4 m^2/s^2，大气维持着相对较好的扩散条件。从 10 日 PM$_{10}$ 浓度的变化情况看，在 00:00～07:00 PM$_{10}$ 浓度变化与 8 日和 9 日不一致，呈现缓升现象，可能原因是相对湿度较小（相对湿度为 75%～83%）水汽吸附作用弱，地面湍流弱，污染物垂直扩散能力也非常弱。白天由于高空和地面的湍流都相对较强，大气扩散条件好，使得 PM$_{10}$ 的最大浓度值明显低于 8 日和 9 日。从 10 日 21:00 开始到 11 日 06:00（图 3.33），湍流动能都存在增强的趋势，尤其是高空，湍流动能增强明显，200 m 高空 TKE/m 维持在 0.3～1.0 m^2/s^2，地面 TKE/m 也基本维持在 0.2～0.5 m^2/s^2，明显要比 8 日、9 日夜间强。在此期间 PM$_{10}$ 浓度出现较大幅度的下降，11 日 09:00 以后地面高空 TKE/m 都迅速增大，在中午前后高空达到最大值 5.8 m^2/s^2，地面达到 2.0 m^2/s^2，造成污染物浓度迅速下降。此外，PM$_{10}$ 浓度在 10 日 21:00 之后出现快速下降的原因除了湍流增强，垂直扩散能力增强外，平均风速也明显增大，水平扩散能力也明显增强，将在后面章节中详细讨论。

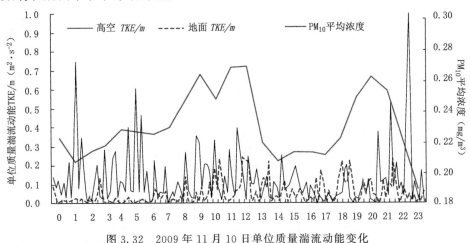

图 3.32　2009 年 11 月 10 日单位质量湍流动能变化

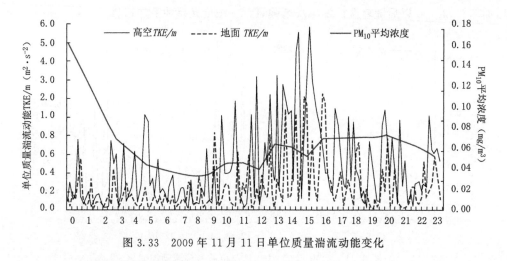

图 3.33　2009 年 11 月 11 日单位质量湍流动能变化

3.4.4.3　湍流动能与污染物浓度相关性

通过分别计算城区地面和 200 m 高空单位质量平均湍流动能（TKE/m）与各污染物监测点三种污染物浓度的相关系数（表 3.13），可以看出 TKE/m 与 SO_2、NO_2、PM_{10} 浓度均呈负相关关系，其中 TKE/m 与 PM_{10} 浓度相关性最好，城区内 11 个站 PM_{10} 平均浓度与 TKE/m 相关系数达到 -0.54，相关性较好。因此可以认为，湍流动能越强，污染物的垂直扩散能力越强，污染物浓度越低。

表 3.13　单位质量平均湍流动能与污染物浓度相关系数

相关系数		SO_2	NO_2	PM_{10}
解放碑	山顶	-0.37	-0.23	-0.39
	城区	-0.36	-0.16	-0.41
杨家坪	山顶	-0.31	-0.23	-0.48
	城区	-0.34	-0.16	-0.43
南坪	山顶	-0.19	-0.36	-0.51
	城区	-0.24	-0.31	-0.51
唐家沱	山顶	-0.35	-0.21	-0.51
	城区	-0.34	-0.20	-0.46
高家花园	山顶	-0.16	-0.48	-0.49
	城区	-0.14	-0.46	-0.55
两路	山顶	-0.33	-0.33	-0.36
	城区	-0.30	-0.22	-0.30
人和	山顶	-0.19	-0.25	-0.41
	城区	-0.21	-0.25	-0.46
礼嘉	山顶	-0.40	-0.40	-0.49
	城区	-0.38	-0.35	-0.51
鱼洞	山顶	-0.2	-0.33	-0.53
	城区	-0.19	-0.28	-0.53

续表

相关系数		SO$_2$	NO$_2$	PM$_{10}$
天生	山顶	−0.21	−0.31	−0.56
	城区	−0.22	−0.26	−0.55
缙云山	山顶	−0.28	−0.22	−0.25
	城区	−0.21	−0.11	−0.26
平均	山顶	**−0.36**	**−0.39**	**−0.54**
	城区	**−0.36**	**−0.32**	**−0.54**

注:通过 α=0.01 信度检验。

通过分别计算城区地面和 200 m 高空平均风速与城区各污染物监测点三种污染物浓度的相关系数(表 3.14),从表中可以看出,平均风速与 SO$_2$、NO$_2$、PM$_{10}$ 浓度均呈负相关关系,其中平均风速与 PM$_{10}$ 浓度相关性最好,城区内 11 个站 PM$_{10}$ 平均浓度与平均风速相关系数达到−0.71~−0.73,相关性非常好。通过对比平均风速和 TKE/m 与三种污染物浓度的相关系数,平均风速与三种污染物浓度的相关性要好于 TKE/m 与三种污染物浓度的相关性。因此可以认为,污染物在大气中水平方向由平均风速完成的平流输送能力要明显强于由湍流完成的垂直方向输送能力。

表 3.14 逐时平均风速与污染物浓度相关系数

相关系数		SO$_2$	NO$_2$	PM$_{10}$
解放碑	山上	−0.39	−0.55	−0.45
	城区	−0.40	−0.19	−0.32
杨家坪	山上	−0.78	−0.32	−0.65
	城区	−0.60	−0.11	−0.53
南坪	山上	−0.60	−0.59	−0.56
	城区	−0.35	−0.35	−0.47
唐家沱	山上	−0.40	−0.29	−0.69
	城区	−0.30	−0.23	−0.75
高家花园	山上	−0.57	−0.37	−0.73
	城区	−0.41	−0.19	−0.63
两路	山上	−0.23	−0.22	−0.76
	城区	−0.28	−0.24	−0.74
人和	山上	−0.53	−0.26	−0.64
	城区	−0.50	−0.20	−0.59
礼嘉	山上	−0.33	−0.57	−0.73
	城区	−0.34	−0.42	−0.70
鱼洞	山上	−0.65	−0.71	−0.73
	城区	−0.54	−0.45	−0.70
天生	山上	−0.52	−0.79	−0.69
	城区	−0.23	−0.48	−0.75

相关系数		SO$_2$	NO$_2$	PM$_{10}$
缙云山	山上	−0.41	−0.17	−0.06
	城区	−0.36	0.05	−0.24
平均	山上	**−0.61**	**−0.54**	**−0.73**
	城区	**−0.51**	**−0.34**	**−0.71**

注:通过 $\alpha=0.01$ 信度检验。

此外,从表 3.13 和表 3.14 还发现,无论是平均风速还是 TKE/m 与缙云山污染监测点的三种污染物浓度的相关性都相对比较差,尤其是 PM$_{10}$,可能存在两个原因:一是城区内湍流强度弱,PM$_{10}$ 垂直输送高度达不到 910 m 左右的高度;另一方面,从统计的个例风向频率看(图 3.34),无论是在城区还是在 200 m 高空主导风向均为东北风,由于缙云山监测点位于重庆主城区的西北部,在主导风东北风的输送下,城区内的空气污染物主要由东北向西南方向输送,因而缙云山污染物浓度与城区内污染物浓度变化趋势并不一致。

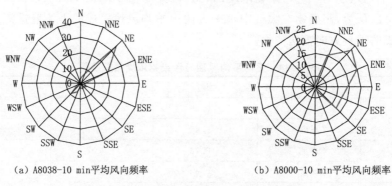

（a）A8038-10 min平均风向频率　　　　（b）A8000-10 min平均风向频率

图 3.34　山顶(a)和城区(b)平均风向频率

综上所述,从三种天气背景下,边界层温度场和风场的逐时变化规律,可以较好地解释重庆主城区主要污染物 PM$_{10}$ 的日变化特征。在夜间到早上(00:00—08:00),由于三种天气均出现有逆温且高低空风速较小,因而 PM$_{10}$ 的向高空扩散能力弱,在污染排放明显减弱的情况下污染物浓度呈现自然下降状态,但从下降速度看,雾天由于相对湿度大,水汽的吸附作用,污染物浓度下降速度比晴天和阴天快。08:00 以后随着人类活动,污染排放增加,在三种天气背景下均呈快速上升趋势,但在由于在 08:00—13:00,阴天升温不及雾天和晴天快且高低空风速也比较小,直接导致污染物浓度上升速度也比雾天和晴天快。13:00 以后,三种天气背景下边界层逆温均基本完全消失,高低空风速也明显增大,大气扩散条件明显增强,污染物浓度开始明显下降,但对比三种天气背景下污染物下降速度,晴天由于增温速度快,温度高,高低空风速也呈明显增大趋势,因而 PM$_{10}$ 浓度下降速度非常快;相应在雾天由于雾在 12:00 前后消散后一般是晴天,也可能是阴天,温度也会出现迅速增高趋势,但温度增速不及晴天,尤其由于地面风速变化不大,因而 PM$_{10}$ 浓度降低速度要低于晴天背景下。然而在阴天,由于午后增温速度明显比晴天和雾天慢,高低空风速差不多,平均为 1.3～1.6 m/s,地面污染物向上输送和水平扩散能力都比较弱,因而 PM$_{10}$ 浓度降低速度也就比较慢了。此外,逆温是影响污染扩散的重要因素,由于重庆主城区昼夜温差小,导致逆温强度不强、厚度不厚等原因造成重庆主城区冬半年轻度污染天气相对较多,而很少出现中度以上污染天气,这一点与北方城市存在一定的差异。

通过对不同天气背景下湍流动能的变化分析和湍流动能与污染物浓度的相关性分析,湍流动能越强,污染物的垂直扩散能力越强,污染物浓度越低,污染物在大气中水平方向由平均风速完成的平流输送能力要明显强于由湍流完成的垂直方向输送能力。此外,夜间无湍流发生、水汽和凝结核充足时对形成雾是十分有利的。

3.5　降水对空气污染物的影响

在前面的讨论中,我们知道风、温度等气象要素对污染物的影响主要是通过传输和扩散作用来影响污染物的浓度,而降水对空气污染物浓度的影响主要是通过降水的清洗作用来实现,它们的影响机制是不一样的。本节主要利用 2002—2011 年重庆主城区主要污染物(PM_{10}、SO_2、NO_2)浓度与降水观测资料,讨论日降水和逐时降水对空气污染物的影响。

设某日空气污染物浓度的日均值(或 API 值)为 C_T,其前一日的日均值(或 API 值)为 C_{T-1},则 $dC = \dfrac{C_{T-1} - C_T}{C_{T-1}} \times 100\%$,表示该日空气污染物浓度(或 API 值),较前一日变化幅度占前一日浓度(或 API 值)的百分比。若 $dC > 0$,则表示某日空气污染物浓度(或 API 值)较前一日下降,空气质量有所改善;若 $dC < 0$,则表示某日空气污染物浓度(或 API 值)较前一日增加,空气质量恶化。将其与日降水资料结合,可以简单用来反映日降水对空气污染物的湿清除能力。同理,将 C_T、C_{T-1} 设为当时和前一小时的逐时浓度值,将其与逐时降水资料结合,就可以深入分析逐时降水对空气污染物的湿清除能力。书中分别用 dPM_{10}、dSO_2 和 dNO_2 表示三种污染物(PM_{10}、SO_2、NO_2)的变化率,用 $dAPI$ 表示 API 值的变化率。

3.5.1　日降水对空气污染物的湿清除效率

3.5.1.1　日降水对污染物湿清除效率分布

从不同日雨量对三种污染物浓度和 API 值变化率影响分布来看(图 3.35),$dC > 0$ 分布区域在 0~100%,PM_{10} 和 SO_2 大部分分布在 0~50%,而 NO_2 绝对大部分分布在 0~50%,API 值全部分布在 0~80%。$dC < 0$ 分布区域在 0~150%,分布范围都较 $dC > 0$ 区域广,PM_{10} 主要分布在 0~-100%,SO_2 主要分布在 0~-150%,而 NO_2 和 API 值绝对大部分分布在 0~-50%。随着降水的增加,$dC > 0$ 的趋势越明显,湿清除的作用越大。不同降水量级对不同污染物的清除效果也不一样,一般 10 mm 以上的降水对污染物的湿清除的作用为正效应。

3.5.1.2　不同日降水等级对污染物湿清除率

根据中国气象局现行业务规范,24 h 降水等级主要分为四类:小雨(0~9.9 mm)、中雨(10~24.9 mm)、大雨(25~49.9 mm)、暴雨(50 mm 以上)。但由于重庆地区冬春季降水量较小,普遍的为小雨和中雨,大雨以上量级的降水出现概率较小,10 年间也仅仅出现 4 次大雨以上天气过程。

从图 3.35 污染物浓度变化率随雨量分布可以看出,气象业务规范上的等级划分跨度太大,特别是小雨量级和中雨量级,不能较好地反映日降雨量对空气污染物的清除能力。因

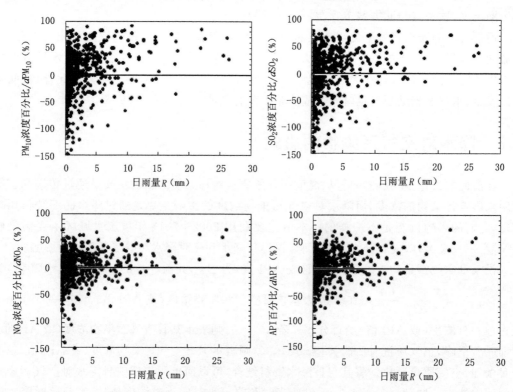

图 3.35　不同日雨量对空气污染物浓度和 API 值变化率影响

此,在本书中我们将研究范围内的日雨量进一步细分成 5 个等级(表 3.15)。

表 3.15　日雨量分级表

日雨量(mm)	气象等级
0.1～0.9	毛毛雨
1～4.9	小雨
5～9.9	小雨
10～19.9	中雨
≥20	中雨

　　按照表 3.15 的分类标准,分别计算了不同等级的日降雨量对三种空气污染物浓度和 API 值的平均清除能力(即通过计算 dC 的平均值来反映降水对污染物的平均清除效率)。从图 3.36 可以看出,降雨量在 1 mm 以上时,降水对三种空气污染物都有明显的清除作用,但清除能力明显不同。当日雨量在 20 mm 以上时,清除能力最强,三种污染物 dC 平均值都超过了 40%,对 PM_{10} 的清除能力达到 55.1%,对 SO_2 的清除能力为 40.7%,对 NO_2 的清除能力为 40.5%,API 值下降 48.6%。日雨量在 10～20 mm 时,对 PM_{10} 和 SO_2 的清除能力差不多,分别为 32.8%,32.4%,对 NO_2 的清除能力稍差为 12.7%,API 值下降 24.5%。日雨量在 5～10 mm 时,对 PM_{10} 的清除能力也是最好,为 17.7%,对 SO_2 的清除能力次之,为 14.3%,对 NO_2 的清除能力为 5%,API 值下降 13.4%。日雨量在 1～5 mm 时,对 PM_{10}

的清除能力为 8.1%，对 SO_2 的清除能力为 5.7%，对 NO_2 的清除能力为 3.7%，API 值下降 6.6%。1 mm 以下降水时三种空气污染物浓度平均变化率均为负值，API 值增加 3.3%，空气质量呈变差的趋势，说明 1 mm 以下的降水不但不具有清除空气污染物作用，相反可能还有增加污染物浓度的可能。总体表明，降水对 PM_{10}、SO_2 的清除能力均比对 NO_2 的清除能力强，对于重庆主城而言，PM_{10}、SO_2 两种污染物浓度的变化直接影响到空气污染指数（API）的变化，因此降水对 PM_{10}、SO_2 的清除效果将直接影响空气质量。

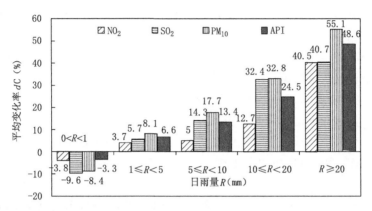

图 3.36　不同等级降水时空气污染物浓度和 API 值平均变化率

　　按照表 3.15 的分类标准，在不考虑 1 mm 以下降水呈负效应的情况下，按日降水等级从低到高绘制三种污染物和 API 值的平均变化趋势（图 3.37），可以看出不同等级日降水对 PM_{10}、SO_2、NO_2 清除效率和对 API 值降低率呈现指数变化，拟合的趋势方程分别为：

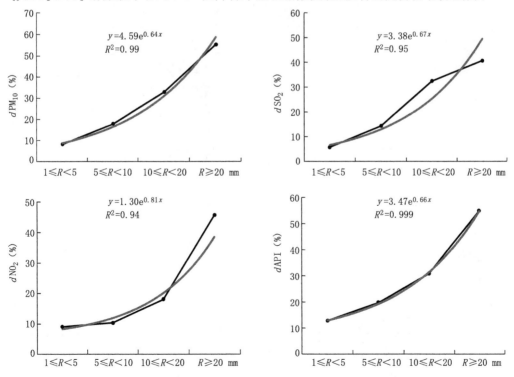

图 3.37　不同等级日降水对空气污染物浓度和 API 值平均变化率影响趋势

$$\text{PM}_{10}: y = 4.59\ e^{0.64x} \qquad R^2 = 0.99$$

$$\text{SO}_2: y = 3.38\ e^{0.67x} \qquad R^2 = 0.95$$

$$\text{NO}_2: y = 1.30\ e^{0.81x} \qquad R^2 = 0.94$$

$$\text{API}: y = 3.47\ e^{0.66x} \qquad R^2 = 0.999$$

3.5.2 连续日降水对污染物湿清除效率

通过上面的分析,总的趋势是日降水对三种空气污染物均有清除作用,且降水量级越大,清除效率越高,但同时也发现有许多个例中降水对污染物浓度影响并不大,还出现负效应,甚至在较大降水量级时,对污染物的清除效率也不明显。因此有必要继续深入分析,不同性质的降水对污染物的影响。

3.5.2.1 连续性降水对污染物湿清除率分布

我们把连续两天以上出现降水称为连续性降水。图 3.38~3.41 中给出连续降水第一天、第二天、第三天和第四天三种空气污染物浓度和 API 值变化率随雨量分布。可以看出,第一天降雨,$d\text{PM}_{10}$ 和 $d\text{SO}_2$ 主要分布在 -100%~70%,其中 $d\text{PM}_{10} > 0$ 个例数占 60.9%,$d\text{SO}_2 > 0$ 个例数占 69.2%;$d\text{NO}_2$ 和 $d\text{API}$ 主要分布在 -50%~50%,其中 $d\text{NO}_2 > 0$ 个例数占 60.9%,$d\text{API} > 0$ 个例数占 57.7%。第二天降雨,$d\text{PM}_{10}$ 和 $d\text{SO}_2$ 主要分布在 -100%~100%,正效应区域扩大,其中 $d\text{PM}_{10} > 0$ 个例数占 75.6%,$d\text{SO}_2 > 0$ 占 68.6%;$d\text{NO}_2$ 和 $d\text{API}$ 主要分布在 -50%~70%,正效应区域也有所扩大,其中 $d\text{NO}_2 > 0$ 个例数占 65.4%,$d\text{API} > 0$ 个例数占 75.0%。说明连续性降水的第二天降水对 PM_{10} 和 $d\text{NO}_2$ 的清除效果较第一天降水更好,对 SO_2 的清除效果与第一天基本相近。重庆主城区由于 PM_{10} 为首要污染

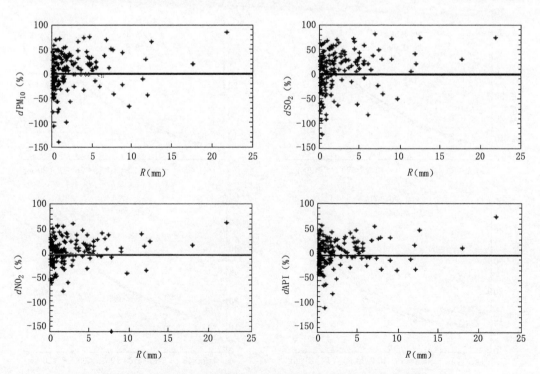

图 3.38 第一天日降雨量对空气污染物浓度和 API 值变化率影响

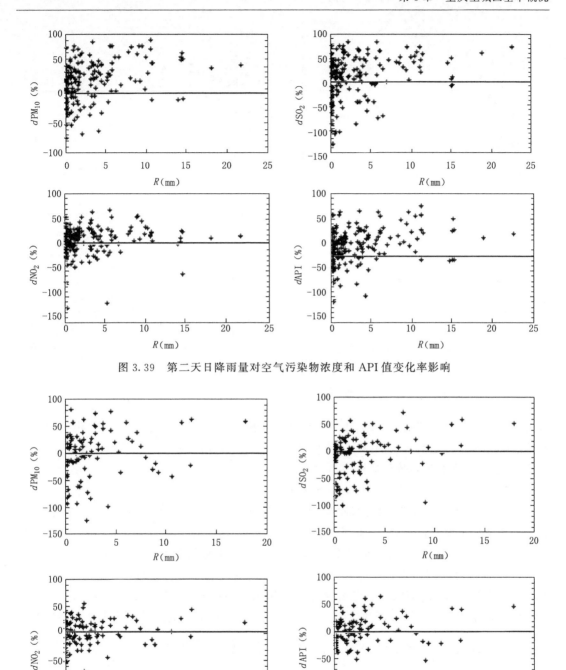

图 3.39　第二天日降雨量对空气污染物浓度和 API 值变化率影响

图 3.40　第三天日降雨量对空气污染物浓度和 API 值变化率影响

物,API 值的变化趋势跟 PM$_{10}$ 基本一致。此外,连续性降水的第二天,一般 5 mm 以上的降水对污染物的湿清除的作用基本为正效应,而在第一天这种特点却不显著。从第三天开始,降水对三种污染物的清除效率明显下降,正效应个例数只占到 50% 左右,到第四天,降水对

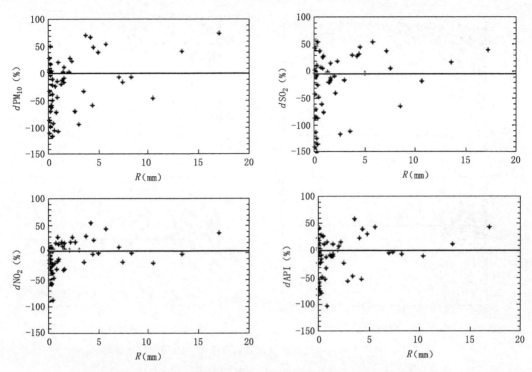

图 3.41　第四天日降雨量对空气污染物浓度和 API 值变化率影响

三种污染物的清除效率继续下降,正效应个例数仅占到 40% 左右。可以认为,对污染物清除有贡献的降水主要是前两天的降水,当连续两天的降水对污染物已经清除到一定的极限值之后,降水对污染的清除效果应该明显减弱。

3.5.2.2　连续性日降水对污染物湿清除效率

表 3.16 给出了连续四天降水时空气污染物浓度变化率 dC 的平均值,可以看出,在前两日各项污染物浓度变化率 $dC > 0$,其中,第一天对 SO_2 浓度变化率最大,为 9.0%,PM_{10} 浓度变化率次之,为 5.8%,NO_2 浓度变化率为 5.1%,API 变化率为 5.5%。第二天对 PM_{10} 浓度变化率最大,为 22.2%,SO_2 浓度变化率次之,为 11.8%,NO_2 浓度变化率为 6.3%,API 变化率为 16.5%,第二天的降水对三种污染物的清除效率比第一天要高,从而使得 API 也有较大幅度的降低。第三天和第四天降水对三种污染物平均清除效率为负值,因此可以

表 3.16　连续降水对空气污染物浓度和 API 的影响

连续降水	雨量平均(mm)	dSO_2(%)	dNO_2(%)	dPM_{10}(%)	$dAPI$(%)	个例数
第一天	2.8	9.0	5.1	5.8	5.5	156
第二天	3.6	11.8	6.3	22.2	16.5	156
第三天	3.1	−11.9	−7.4	−5.9	−1.0	91
第四天	2.9	−17.7	−6.5	−17.4	−8.8	53
第五天	1.8	−28.2	−10.9	−12.8	−8.1	25
第六天	3.0	−0.3	1.3	−6.7	0.9	11
第七天	3.6	−10.0	−36.8	−27.7	−17.6	5
第八天	1.3	4.4	35.6	32.6	22.3	2

看出两天以后的降水对污染物的清除作用明显降低,其中第三天使得 SO_2 浓度变化率为 -11.9%,NO_2 浓度变化率为 -7.4%,PM_{10} 浓度变化率为 -5.9%,API 浓度变化率为 -1.0%。第四天 SO_2 浓度变化率为 -17.7%,NO_2 浓度变化率为 -6.5%,PM_{10} 浓度变化率为 -17.4%,API 浓度变化率为 -8.8%。连续降水后,空气中污染物浓度处于低值,此时,降水对污染物浓度影响极小,由于污染物排放量的持续,使得污染物浓度从第三天开始增加,PM_{10} 和 SO_2 两种浓度相对高的污染物增加较 NO_2 明显,因此,在考虑降水对空气污染物湿清除能力时,最好选择连续降水日的前两天来进行分析。

3.5.3　日降水对不同空气质量状况下的湿清除效率

由 $dC = \dfrac{C_{T-1} - C_T}{C_{T-1}} \times 100\%$ 可以计算出的污染物浓度变化率,但是,我们也可以明显地看出,在污染物浓度变化率相同的情况下,当 $dC > 0$ 时,前一日污染物浓度越高,其污染物浓度降低的绝对值就越大,当 $dC < 0$ 时,前一日污染物浓度越高,其污染物浓度增加的绝对值也越大。比如:一种情况是前一日污染物浓度为 $0.2\ \mathrm{mg/m^3}$,当日污染物浓度为 $0.1\ \mathrm{mg/m^3}$;另一种情况是前一日污染物浓度为 $0.4\ \mathrm{mg/m^3}$,当日污染物浓度为 $0.2\ \mathrm{mg/m^3}$,两种情况的浓度变化率都是 50%,但是污染物浓度降低的绝对值却完全不一样。因此,为了深入了解不同量级降水对不同空气质量状况下,对各类污染物的清除效率,分别对三种污染物按 API>100 和 API≤100 两种情况讨论(降雨日的前一日 API 值)。

从不同降水量级对不同污染物的清除效率可以看出(表 3.17~3.20),降水对三种污染物的平均清除效率在 API>100(高浓度值)时均高于在 API≤100(低浓度值)时,降水量级越大对污染物的清除效率越高。

表 3.17　API>100 时不同等级降水量对污染物平均清除率

R(mm)	$d\mathrm{PM_{10}}$(%)	$d\mathrm{SO_2}$(%)	$d\mathrm{NO_2}$(%)
$R \geqslant 20$	63.7	36.1	59
$10 \leqslant R < 20$	42.6	39.8	—
$5 \leqslant R < 10$	45.9	40.6	—
$1 \leqslant R < 5$	27.2	35.8	44.1
$0 < R < 1$	11.2	31.0	47.5

表 3.18　API>100 时不同等级降水量对应污染物个例数

R(mm)	$d\mathrm{PM_{10}}$(%)	$d\mathrm{SO_2}$(%)	$d\mathrm{NO_2}$(%)
$R \geqslant 20$	4	1	1
$10 \leqslant R < 20$	7	2	0
$5 \leqslant R < 10$	17	8	0
$1 \leqslant R < 5$	83	23	2
$0 < R < 1$	90	26	2

表 3.19　API≤100 时不同等级降水量对污染物平均清除率

R(mm)	$d\text{PM}_{10}$	$d\text{SO}_2$	$d\text{NO}_2$
$R\geqslant20$	43.6	47.5	36.8
$10\leqslant R<20$	26.9	31.9	11.8
$5\leqslant R<10$	8.3	11.5	4.9
$1\leqslant R<5$	−2.1	2.3	3.4
$0<R<1$	−20.7	−13.7	−4.2

表 3.20　API≤100 时不同等级降水量对应污染物个例数

R(mm)	$d\text{PM}_{10}$(%)	$d\text{SO}_2$(%)	$d\text{NO}_2$(%)
$R\geqslant20$	3	6	6
$10\leqslant R<20$	26	31	33
$5\leqslant R<10$	52	61	69
$1\leqslant R<5$	155	215	236
$0<R<1$	147	211	235

对 PM_{10} 的影响分析:当 PM_{10} 的 API>100 时,在降水量 $R\geqslant20$ mm 时,降水平均清除效率为 63.7%(由于个例较少,该值不一定具有很好的代表性),较 PM_{10} 的 API≤100 时高出 20.1%;当降水量 10 mm≤R<20 mm 时,PM_{10} 的 API≤100 时的降水平均清除效率为 26.9%,仅仅相当于 PM_{10} 的 API>100 时降水量 1 mm≤R<5 mm 时的清除效率。当降水量 1 mm≤R<5 mm 时,在 PM_{10} 的 API≤100 时的降水平均清除效率为−2.1%,表明此等级的降水对低浓度 PM_{10} 的清除效果很弱,1 mm 以下的降水平均清除效率为−20.7%,表明此等级的降水对低浓度 PM_{10} 不仅不具有清除效率,相反可能会增加 PM_{10} 的浓度。

对 SO_2 的影响分析:当 SO_2 的 API>100(高浓度值)时,不同量级的降水对 SO_2 的平均清除效率在 30.1%~40.6%,效果基本相当,由于 $R\geqslant20$ mm 时仅有一个个例,$10\leqslant R<20$ mm 时只有两个个例,因此在 $R\geqslant10$ mm 以上的清除效率值仅供参考,不具有代表性。当 SO_2 的 API≤100(低浓度值)时,当降水量级大于 10 mm 时,对 SO_2 的平均清除效率在 30% 以上,与高浓度值时平均清除效率相当,但是当降水量级小于 10 mm 时,平均清除效率迅速降低,降水量 1 mm≤R<5 mm 时平均清除效率仅为 2.3%,1 mm 以下的降水平均清除效率为−13.7%,表明此等级的降水对低浓度 SO_2 的清除效果很弱。

对 NO_2 的影响分析:由于重庆的主要污染物是 PM_{10},其次是 SO_2,NO_2 的浓度不高,因此对于 NO_2 的 API>100(高浓度值)的个例很少,表 3.18 中的值不具有代表性,本书只分析 NO_2 的 API≤100(低浓度值)时的情况。在降水量 $R\geqslant20$ mm 时,降水平均清除效率为 36.8%,10 mm≤R<20 mm 时,降水平均清除效率迅速降水为 11.8%,当降水量 5≤R<10 时,平均清除效率为 4.9%,当降水量 1≤R<5 时,平均清除效率仅为 3.4%,1 mm 以下的降水平均清除效率为−4.2%,表明此等级的降水对低浓度 NO_2 的清除效果很弱。

总之,对三种污染物,如果前期浓度越高,日降水量级越大,降水对污染物的清除效率越高。

由于不同降水等级湿清除率不同,因此有必要研究各个降水等级每 1 mm 降水的湿清除率。按照三种污染物 API>100 和 API≤100 分类,对四种降水等级对应空气污染物浓度

变化率 dC 及对应的日降水量分别平均,可以粗略得到四种降水等级中每 1 mm 降水的湿清除效率(当日降雨量小于 1 mm 时,计算出的结果没有物理意义,此处不讨论 $0<R<1$ mm 等级降水情况)。

在 API>100 的情况下(表 3.21),当日雨量 $R\geqslant20$ mm 时,每 1 mm 降水能将 2.7% 的 PM_{10}、1.4% 的 SO_2 和 2.3% 的 NO_2 湿清除(SO_2、NO_2 个例少,仅供参考),API 指数下降 2.5%;当日雨量 $10\leqslant R<20$ mm 时,每 1 mm 降水能将 3.2% 的 PM_{10}、3.5% 的 SO_2 湿清除(NO_2 个例缺),API 指数下降 2.5%。当雨量 $5\leqslant R<10$ mm 时,每 1 mm 降水能将 6.4% 的 PM_{10}、5.6% 的 SO_2 湿清除(NO_2 个例缺),API 指数下降 4.6%;当雨量 $1\leqslant R<5$ mm 时,每 1 mm 降水能将 10.9% 的 PM_{10}、13.8% 的 SO_2 和 14.9% 的 NO_2 被湿清除,API 指数下降 8.7%。

表 3.21 API>100 时不同等级降水量每 1 mm 对空气污染物平均湿清除率

R(mm)	dAPI(%)	$d PM_{10}$(%)	$d SO_2$(%)	$d NO_2$(%)
$R\geqslant20$	2.5	2.7	1.4	2.3
$10\leqslant R<20$	2.5	3.2	3.5	—
$5\leqslant R<10$	4.6	6.4	5.6	—
$1\leqslant R<5$	8.7	10.9	13.8	14.9

在 API≤100 的情况下(表 3.22),当雨量 $R\geqslant20$ mm 时,每 1 mm 降水仅有 1.6% 的 PM_{10}、1.9% 的 SO_2 和 1.4% 的 NO_2 被湿清除,API 指数下降 1.3%。当雨量 $10\leqslant R<20$ mm 时,每 1 mm 降水,有 2.1% 的 PM_{10}、2.5% 的 SO_2 和 0.9% 的 NO_2 被湿清除,API 指数下降 1.7%。当雨量 $5\leqslant R<10$ mm 时,每 1 mm 降水,有 1.2% 的 PM_{10}、1.7% 的 SO_2 和 0.7% 的 NO_2 被湿清除,API 指数下降 0.9%。当雨量 $1\leqslant R<5$ mm 时,每 1 mm 降水,PM_{10} 的清除效率为负,0.9% 的 SO_2 和 1.4% 的 NO_2 被湿清除,API 指数下降 0.5%。

表 3.22 API≤100 时不同等级降水量每 1 mm 对空气污染物平均湿清除率

R(mm)	dAPI(%)	$d PM_{10}$(%)	$d SO_2$(%)	$d NO_2$(%)
$R\geqslant20$	1.3	1.6	1.9	1.4
$10\leqslant R<20$	1.7	2.1	2.5	0.9
$5\leqslant R<10$	0.9	1.2	1.7	0.7
$1\leqslant R<5$	0.5	−0.9	0.9	1.4

对比在 API>100 时和 API≤100 时,单位量级降水(1 mm)在不同降水级别中的清除效率是不一样,且有如下特点:

在 API>100 时,按照日雨量从大到小的顺序,每 1 mm 的降水对三种污染物的清除率是递增,即日雨量级($\geqslant1$ mm)越小每 1 mm 降水的清除率越高。

在 API≤100 时,当日雨量$\geqslant10$ mm,按照日雨量从大到小的顺序,每 1 mm 的降水对 PM_{10}、SO_2 的清除效率是递增,即日雨量量级越小每 1 mm 降水的清除效率越高,但是当日雨量<10 mm,按照日雨量从大到小的顺序,每 1 mm 的降水对 PM_{10}、SO_2 的清除效率是递减,即量级越小每 1 mm 降水的清除效率越低。对于 NO_2,当日雨量$\geqslant5$ mm 时,按照日雨量从大到小的顺序,每 1 mm 的降水对其清除效率是递减,即量级越小每 1 mm 降水的清除

效率越低。

3.5.4 逐时降水对污染物的清除效率

从前面的分析我们已经清楚了降水对污染物有着明显的清除效率,降水对降低空气污染起着重要的作用,在前期不同空气质量状况下,日降水量对不同污染物的清除效率也不一样,一般来说前一日污染物浓度越高,降水对污染的清除能力越强,随着降水对污染物的不断清除,污染物浓度逐渐下降,当污染物浓度降低到一定程度后,降水对污染物的清除效率也会明显降低。但是,在前面统计中也发现有些降水并不能降低污染物浓度,改变空气质量状况,也并不完全是日雨量越大,对污染清除效果越好,对改善空气质量效果越好。其实,日降水是由每天逐小时的降水量累计起来的,因此,单纯日降雨量并不能反映出降水出现的时段。当在降雨时段内空气污染物可以被降雨清除掉,但是当降雨停止后,污染物是否还会下降,或者说能持续下降多少,这就是一个比较复杂的问题。本书尝试利用 2009—2011 年冬半年逐时污染和降水资料来深入探讨降水对降低污染改善空气质量的作用。

从第 2 章中重庆主城区三种污染多年逐时平均变化曲线可以看出,三种污染物的日变化趋势基本是相对固定的,即 PM_{10} 和 NO_2 为"双峰双谷"特征,SO_2 为"单峰单谷"特征,重庆市作为南方城市,城区冬季没有供暖设备,不存在冬季污染源显著增加的情况,因此我们可以假定重庆主城区一年中每天污染是按照相对固定的规律排放,污染物浓度变化主要受气象条件影响,在研究气象要素对污染物浓度影响时,不考虑污染排放情况。分别计算有降水和无降水的情况下三种污染物逐时平均浓度,三种污染物浓度的逐时变化趋势是不一样的,在无降水的情况下,污染物浓度变化主要受温度、风、气压、相对湿度等主要气象要素的影响,形成有规律的变化曲线,即 PM_{10} 和 NO_2 为"双峰双谷"特征,SO_2 为"单峰单谷"特征;在有降水时,典型的日变化特征消失,同时间段的污染物平均浓度值要比无降水时低得多,因此可以认为,降水对降低污染物浓度确实起着重要作用(图 3.42~3.44)。

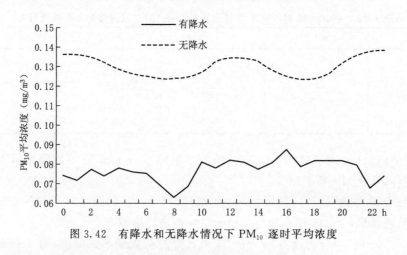

图 3.42　有降水和无降水情况下 PM_{10} 逐时平均浓度

此外,从重庆主城区冬半年逐时平均降雨量变化可以看出(图 3.45,只统计有降水出现的时间段),夜间降雨量明显比白天大。00:00 前后平均小时雨量最大,之后逐渐减小,白天10:00—20:00 降雨量较小,尤其在 19:00—20:00 为降雨量最小时段,20:00 以后降雨量明显增大,反映了重庆多夜雨现象。因此,在一天 24 h 中,不同时间段内出现降水,对污染的日

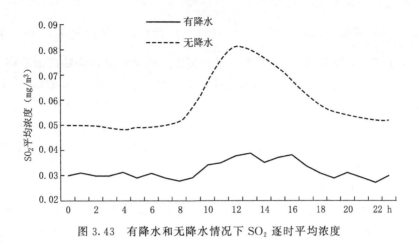

图 3.43　有降水和无降水情况下 SO_2 逐时平均浓度

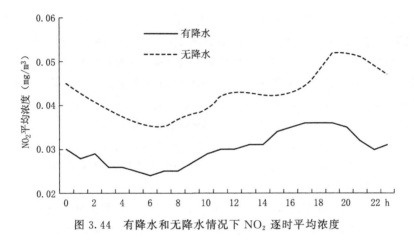

图 3.44　有降水和无降水情况下 NO_2 逐时平均浓度

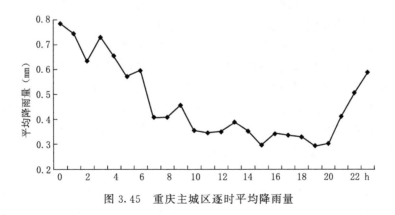

图 3.45　重庆主城区逐时平均降雨量

平均值影响都是不一样的,单纯用日降水量并不能完全真实反映出降水对污染的清除效率。为了弄清楚不同时间段内,降水对污染清除效率,仍然利用 $dC = \dfrac{C_{T-1} - C_T}{C_{T-1}} \times 100\%$ 的方法计算了当时与前一小时污染浓度的变化率,其中 C_T、C_{T-1} 分别为当时和前一小时的逐时污染物浓度值,同时为了对照分析,按照有降水和无降水两种情况分别计算。

从前面的分析可知,由 $dC = \dfrac{C_{T-1} - C_T}{C_{T-1}} \times 100\%$ 计算出的浓度变化率,在污染物浓度值较小时,其浓度变化率波动较大,因此为了更真实地反映降水对污染物的清除率,我们选取了 PM_{10} 浓度 $>0.05\ mg/m^3$ 的个例作为统计样本(PM_{10} 浓度 $<0.05\ mg/m^3$ 样本计算结果波动较大,本书不做讨论),由于重庆主城区 SO_2 和 NO_2 相对 PM_{10} 浓度要低得多,为了保证样本的有效性和代表性,选取 SO_2 和 NO_2 浓度 $>0.03\ mg/m^3$ 的个例作为统计样本,同时剔除了三种污染物浓度变化率超过 $\pm20\%$ 的异常值,保持了平均浓度变化率的相对稳定性和计算结果的可靠性。

3.5.4.1 逐时降水对 PM_{10} 的湿清除效率

从图 3.42 可以清楚地看到,在没有降水的情况下,PM_{10} 浓度日变化"双峰双谷"特征明显[由于降水个例明显少于无降水个例,将降水个例和无降水个例一同计算平均时,仍然会维持这种"双峰双谷"特征(图 2.15、图 2.16)]。

从 PM_{10} 浓度逐时变化率曲线(图 3.46)可以看出,在 00:00—07:00 时间段内,无降水时,PM_{10} 浓度逐时变化率为正值(表示污染物浓度后一时刻比前一时刻低,称之为浓度下降),且基本保持相对平稳的下降趋势,平均每小时下降率(简称平均下降率,以后本节中的提到的平均下降率和平均清除率均表示每小时的平均下降率和平均清除率)为 0.7% 左右,PM_{10} 浓度随时间变化逐渐降低,尤其 06:00—07:00 的正值很小,08:00 已为负值呈上升趋势,因此可以认为在 06:00—07:00 PM_{10} 浓度降到低值,为 PM_{10} 日变化"双峰双谷"特征中第一个谷值的出现时间;有降水时,PM_{10} 浓度的下降率明显大于无降水的情况,基本维持在 2.7%~5.7%,平均下降率为 4.7%,PM_{10} 浓度随时间变化逐渐降低明显,表现出降水对 PM_{10} 的具有明显的清除效果。

在 08:00—13:00 时间段内,在无降水的情况下,PM_{10} 浓度逐时变化率为负值(表示污染物浓度后一时刻比前一时刻高,称之为浓度上升),PM_{10} 浓度随着时间变化呈逐渐增加趋势,尤其在 10:00—12:00 变化率为 -4%~-5%,可以认为在此时段由于人类活动污染排放增加 PM_{10} 浓度会出现快速增长趋势,13:00 变化率为 -0.2% 左右,污染物浓度增长速度明显减弱,14:00 之后 PM_{10} 浓度变化率转为正值,可以认为在 13:00 前后 PM_{10} 浓度升到高值,出现 PM_{10} 日变化"双峰双谷"特征中第一个峰值;相应在有降水的情况下,08:00—09:00 PM_{10} 浓度变化率明显减小,在 10:00—13:00 PM_{10} 的变化值很小,平均变化率仅为 0.02%,应该说在此期间本应是 PM_{10} 浓度快速增长的时间段,但由于降水作用抑制了污染物浓度快速增长趋势,此时降水对 PM_{10} 的清除率与 PM_{10} 的排放增长率基本相当,但从 14:00 开始,正值增大,PM_{10} 浓度又将出现明显下降趋势。

在 14:00—23:00 时间段内,在无降水的情况下,在 15:00—17:00 PM_{10} 浓度逐时变化率为正值,PM_{10} 浓度处于下降趋势,18:00 左右变化率为出现负值,PM_{10} 浓度变化由下降向上升转换,因此在 18:00 前后出现 PM_{10} 日变化"双峰双谷"特征中第二个谷值,之后 PM_{10} 浓度又开始上升,在 23:00 前后上升到峰值。在有降水的情况下,在 14:00 以后一直保持正的变化率,在 15:00—17:00 保持较高的下降率,PM_{10} 平均下降率为 3.1%,之后变化率逐渐减小的,18:00—21:00 PM_{10} 平均下降率仅为 1%,21:00 以后 PM_{10} 的下降率又明显增大。

由于图 3.46 中无降水情况下 PM_{10} 的变化主要是受除降水以外的其他气象因素的影响造成,有降水情况下 PM_{10} 的变化主要是受降水和其他气象因素共同影响的结果,因此为了弄清楚单一降水对污染物浓度变化的影响,我们利用有降水情况下污染物浓度变化率减去无降水情况下污染物浓度变化率(去掉其他气象因素的影响)就可以得到单一降水对污染物的影响情况,称之为降水对污染物的清除效率。从图 3.47 可以看出,在全天时间内均为正值,可以认为降水对 PM_{10} 具有较好的清除效果,但在不同的时间段内清除效果不同,在 00:00—12:00 降水对 PM_{10} 的清除效率为 2%～5%,平均清除效率为 4%;在 13:00—18:00 降水对 PM_{10} 的清除效果较差,平均清除效率为仅为 1.6%;19:00—23:00 降水对 PM_{10} 的清除效果较好,平均清除效率为 3.6%。对应重庆主城区逐时平均雨量,可以归纳为:由于夜间逐时平均雨量大,对 PM_{10} 的清除效率高,白天平均逐时降雨量差不多,但是降雨对 PM_{10} 浓度上升阶段清除效率高于下降阶段。由于重庆主城区在 PM_{10} 浓度 >0.05 mg/m³ 且逐时雨量 >1 mm 的个例仅占 5.7%,本书不讨论单位小时降雨量的清除率。

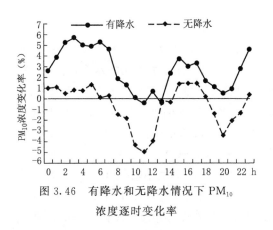

图 3.46　有降水和无降水情况下 PM_{10} 浓度逐时变化率

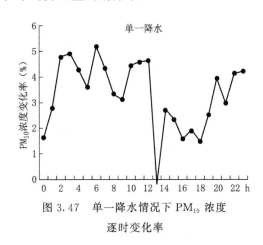

图 3.47　单一降水情况下 PM_{10} 浓度逐时变化率

3.5.4.2　逐时降水对 SO_2 的湿清除效率

重庆主城区 SO_2 浓度平均日变化趋势相对 PM_{10} 要简单些。在无降水的情况下(图 3.48),00:00—06:00 SO_2 浓度的变化率基本为正值,SO_2 浓度为逐渐下降趋势,但平均下降率仅为 0.8%;07:00—12:00 SO_2 浓度的变化率为负值,平均变化率为 −4.6%,SO_2 浓度呈现快速增长趋势,尤其在 09:00—11:00 增长速度较快,在 12:00 前后出现峰值;13:00 以后 SO_2 浓度的变化率基本为正值,SO_2 浓度呈下降趋势,尤其在 14:00—19:00,SO_2 浓度平均变化率为 4.3%,20:00 以后 SO_2 浓度下降趋势明显减弱。在有降水的情况下,00:00—07:00 SO_2 浓度的变化率为正值,平均下降率仅为 2.7%,SO_2 浓度下降趋势明显;08:00—13:00 SO_2 浓度的变化率出现弱的负值,平均变化率为 −1.7%,SO_2 浓度呈现弱的增长趋势,但 14:00 以后 SO_2 浓度的变化率基本为正值,SO_2 浓度呈明显下降趋势,平均下降率达到 3.7%。

同样除去其他气象因素后,单一降水对 SO_2 浓度的影响也有明显的特点(图 3.49),在 00:00—12:00,SO_2 浓度的变化率基本为正值,降水对 SO_2 的清除效率明显,平均清除效率为 3%,尤其在 07:00—10:00 清除效率最高,平均清除效率达到 5.7% 左右,在 13:00—19:00 出现正负值交错现象,SO_2 浓度平均变化率为 −0.5%,此时段降水对 SO_2 的清除效果不明显,20:00 以后降水对 SO_2 的清除效率明显增强。

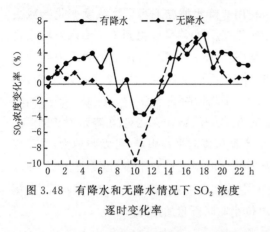

图 3.48　有降水和无降水情况下 SO_2 浓度
逐时变化率

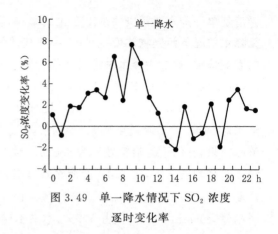

图 3.49　单一降水情况下 SO_2 浓度
逐时变化率

3.5.4.3　逐时降水对 NO_2 的湿清除效率

从图 3.50 可以看出，无论是在有降水还是无降水的情况下，NO_2 浓度变化率趋势基本一致，只是在变化值有差异，NO_2 浓度变化总趋势是夜间为正变化，白天为负变化，主要表现为 NO_2 浓度夜间下降白天上升，但是在正负值转换时间上，有降水较无降水提前 1 h。在夜间，无降水时，在 00:00—06:00，21:00—23:00 时间段内 NO_2 平均浓度的变化率为正，平均变化率分别为 3.8% 和 2.6%；相应在有降水情况下，00:00—06:00，20:00—23:00 时间段内 NO_2 平均浓度的变化率为正，平均变化率分别为 4.3% 和 3.4%。在白天，无降水时，在 07:00—20:00 时段内 NO_2 平均浓度的变化率基本为负值，呈现 W 变化型，即在 13:00 前变化率是先增大后减小，平均变化率为 −3%，13:00—14:00 变化率很小，14:00 以后又转为先增大后减小，平均变化率为 −2%，20:00 前后向正值转换；相应在有降水情况下，在 07:00—20:00 时段内 NO_2 平均浓度的变化率基本为负值，仍然呈现 W 变化型，即在 13:00 前变化率是先增大后减小，平均变化率为 −3%，13:00—14:00 变化率很小，14:00 以后又转为先增大后减小，平均变化率为 −3%，19:00 前后向正值转换。

同样除去其他气象因素后，单一降水对 NO_2 浓度的影响也有相应的特点（图 3.51），在 00:00—04:00，NO_2 浓度的变化率为正值，且是逐渐缓慢增大的趋势，降水对 NO_2 平均清除效率为 1%；但是在 05:00—10:00 和 14:00—16:00 NO_2 浓度的变化率为负，平均变化率分别为 −0.7% 和 −0.4%，表现为在此时间段降水对 NO_2 的清除效果不明显；在 10:00—12:00 和 17:00—23:00 NO_2 浓度的变化率为正值，平均变化率分别为 1.0% 和 1.7% 降水对 NO_2 有清除效果，尤其在 18:00—20:00 平均变化率达到 3.4%，降水对 NO_2 的清除效果更明显。

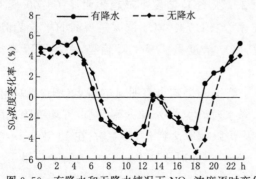

图 3.50　有降水和无降水情况下 NO_2 浓度逐时变化率

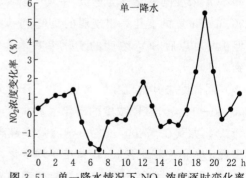

图 3.51　单一降水情况下 NO_2 浓度逐时变化率

第4章 重庆主城区霾天气

近年来,我们经常在媒体上看到有关"雾霾"的报道,"雾霾"天气也成为民众关注的焦点。在气象观测中,雾和霾作为两种视程障碍天气现象纳入日常观测业务,主要通过能见度、相对湿度和空气混浊现象来判断。根据天气学定义,雾和霾既有本质的区别又有一定的联系,随着我国经济社会的发展,由于空气污染和不利的气象条件造成低能见度事件频繁发生,严重影响了交通运输安全和居民健康,雾、霾与空气污染有着密切的联系。重庆城区是山城,也是有名的"雾都",如今随着经济社会的发展,主城区受空气污染影响,以前的雾逐步被霾天气所取代,因此本书主要讨论重庆主城区的霾天气。

4.1 重庆霾天气判别指标的建立

4.1.1 现行霾观测规范

在中国气象局现行《地面气象观测规范》(2003 年版)中,对雾、霾作为两种视程障碍天气现象纳入日常观测业务。在观测规范中,雾是指大量微小水滴浮游空中,常呈乳白色,使水平能见度小于 1.0 km 的天气现象。高纬度地区出现冰晶雾也记为雾,并加记冰针。根据雾的浓度可分为雾、大雾和浓雾三个等级:雾,能见度 0.5~1.0 km;大雾,能见度 0.05~0.5 km;浓雾,能见度小于 0.05 km。此外,还定义了轻雾,轻雾是指微小水滴或已湿的吸湿性质粒所构成的灰白色的稀薄雾幕,使水平能见度大于等于 1.0 km 至小于 10.0 km 的天气现象。霾是指大量极细微的干尘粒等均匀地浮游在空中,使水平能见度小于 10.0 km 的空气普遍混浊现象,霾使远处光亮物体微带黄、红色,使黑暗物体微带蓝色。在人工天气现象观测业务中,根据观测规范定义能够较好地记录雾、霾天气现象。

在气象观测规范中,雾和霾是分开的两种天气现象,在气象观测业务上也是按两种天气现象记录,并没有"雾霾"天气的说法。近年来,随着我国经济社会的发展,由于空气污染和不利的气象条件造成低能见度事件频繁发生,严重影响了交通运输安全和居民健康,各类媒体把雾、霾天气合在一起统称为"雾霾"天气,在媒体的大量报道下,"雾霾"天气逐渐被广大老百姓所接受,也日趋成为当前社会公众普遍重视的灾害性天气现象。媒体把"雾霾"天气描述成一种大气污染状态,"雾霾"是对大气中各种悬浮颗粒物含量超标的笼统表述,尤其是 $PM_{2.5}$ 被认为是造成"雾霾"天气的"元凶",因此,当前所说的"雾霾"天气通常与大气污染有着密切的联系。

4.1.2 现行霾判别标准

在气象观测业务中,雾和霾主要是通过能见度来判断,在能见度自动观测仪使用之前,能见度是通过人工观测来获得。随着"雾霾"天气对经济社会发展和人们日常生活的影响越来越大,国内气象学者针对雾、霾识别指标开展了大量研究,中国气象局也着手制定了相应的雾、霾判别及预报预警标准。

2010 年,中国气象局颁布了《霾的观测和预报等级》(QX/T 113—2010)气象行业标准。在标准中,霾(haze)的定义为大量极细微的干尘粒等均匀地浮游在空中,使水平能见度小于 10.0 km 的空气普遍混浊现象,霾使远处光亮物体微带黄、红色,使黑暗物体微带蓝色。此定义与气象观测规范一致。在标准中,霾观测的判别条件为能见度<10.0 km,排除降水、沙尘暴、扬沙、浮尘、烟幕、吹雪、雪暴等天气现象造成的视程障碍。相对湿度<80%,判别为霾;相对湿度 80%～95%时,按照地面气象观测规范规定的描述或大气成分指标进一步判别(表 4.1)。

表 4.1　霾的大气成分指标(QX/T 113—2010)

指标	代码	限值	单位
直径小于 10 μm 的气溶胶质量浓度	PM_{10}	75	$\mu g/m^3$
直径小于 2.5 μm 的气溶胶质量浓度	$PM_{2.5}$	65	$\mu g/m^3$
气溶胶散射系数+气溶胶吸收系数	$K_s + K_a$	480	Mm^{-1}

在标准中,霾的预报等级分为轻微霾、轻度霾、中度霾和重度霾等四个等级(表 4.2)。

表 4.2　霾预报等级

等级	能见度 V/km	服务描述
轻微	$5.0 \leqslant V < 8.5$	轻微霾天气,无须特别防护
轻度	$3.0 \leqslant V < 5.0$	轻度霾天气,适当减少户外活动
中度	$2.0 \leqslant V < 3.0$	中度霾天气,减少户外活动,停止晨练;驾驶员小心驾驶;因空气质量明显降低,人员需适当防护;呼吸道疾病患者尽量减少外出,外出可戴上口罩
重度	$V < 2.0$	重度霾天气,尽量留在室内,避免户外活动;高速公路、轮渡码头等单位加强交通管制,保障安全;驾驶人员谨慎驾驶;因空气质量差,人员需适当防护;呼吸道疾病患者尽量避免外出,外出时应戴上口罩

4.1.3　霾判别标准的争议

从气象学的常识来看,大气现象只有雾和霾,没有"灰霾"也没有"雾霾"。因为雾和霾两种天气现象在空气质量不佳的时候常常相伴发生,相互影响,比较不容易清楚地分辨开,所以近年来媒体上常用"雾霾"一词来描述这一类低能见度天气现象,而"灰霾"主要是强调在湿度比较低的情况下比较纯粹的霾,而与雾关系不大的一种描述,是主要反映空气污染的另一种说法,因此环保部门就重点强调"灰霾"天气。

没有干气溶胶粒子就不能形成霾,没有气溶胶粒子参与在实际大气中也无法形成雾。在过去,当人类活动较弱时,这些气溶胶粒子主要源于自然过程,在大气中被视为背景气溶胶。但是,随着人类活动的加剧,这一现象在我国近二三十年出现了显著变化。有专家通过对我国能见度与气溶胶关系的分析发现,我国近二三十年中东部区域霾问题的日益严重,主要是由人为排放的大气气溶胶显著增加所致。在一定的气象条件下,又由于大量气溶胶粒子还可以活化为云雾凝结核,参与云雾的形成。这就意味着,当今不论是霾还是雾,其背后都有大量与人类活动有关的气溶胶粒子参与(例如:$PM_{2.5}$),都已经不是完全的自然现象。

因此,我们注意到,改革开放以前,对于雾(轻雾)、霾的定义,一直是被广泛认可的,各地气象台站的地面观测中对雾(轻雾)、霾都有明确的记录,当作一种自然天气现象进行观测。但改革开放后,经济规模的迅速扩大和城市化进程的加快,使得化石燃料(煤、石油、天然气等)的消耗迅猛增加,汽车尾气、燃油、燃煤、废弃物燃烧直接排放的气溶胶粒子和气态污染物通过光化学反应产生的二次气溶胶污染物日益增加。而这些直接排放到空气中的气溶胶颗粒物,成为霾的新的组成部分,因此霾已由过去一种少见的自然天气现象成为现在常见的与人类活动密切相关的空气污染天气现象。由于霾成分中的颗粒物,可被人体呼吸道吸入,对人体健康造成一定的危害,备受人们关注,因而霾已经成为一种新的灾害性天气。同理,雾(轻雾)的形成是离不开作为凝结核的气溶胶粒子,如今大城市里的雾(轻雾)也与过去的雾(轻雾)(或者空气洁净的山区雾)有着明显的区别。由于雾(轻雾)、霾的实际情况发生了明显变化,而气象观测规范并没有及时调整[即便 2003 年版的《地面气象观测规范》中还是把雾(轻雾)、霾当作一种自然现象,而没有与空气污染联系起来],因此各气象台站关于雾(轻雾)、霾的天气观测记录与实际情况存在明显的差异,这也是造成对雾(轻雾)、霾天气,主要是轻雾和霾天气的判别差异和争议。

因此,针对雾(轻雾)、霾天气实际情况的变化,国内诸多气象学者也开展了相应的研究,提出了新的判别标准。气象专家吴兑(2005,2006)针对雾、霾等天气判别指标有许多的研究成果,并牵头起草了气象行业标准《霾的观测和预报等级》(QX/T113—2010),霾观测的判别条件为能见度<10.0 km,排除降水、沙尘暴、扬沙、浮尘、烟幕、吹雪、雪暴等天气现象造成的视程障碍。相对湿度<80%,判别为霾;相对湿度 80%~95%时,按照地面气象观测规范规定的描述或大气成分指标进一步判别。李崇志等(2009)通过研究提出,当相对湿度>80%时,记轻雾(或雾);当相对湿度<60%,记霾;当相对湿度在 60%~80%时,通过计算湿度—能见度指数来判别雾或霾。

此外,2014 年环保部发布了《灰霾污染日判别标准(试行)》征求意见稿,首次对"灰霾"做出明确规定。所谓"灰霾",是指由人类活动排放以及在空气中二次生成细颗粒物而使水平能见度明显降低的空气污染现象。根据征求意见稿,灰霾污染日是指环境空气中细颗粒物浓度及其在颗粒物中所占比例达到一定水平,并使水平能见度持续 6 h 低于 5 km 的空气污染天气。具体而言,灰霾污染日将采用 $PM_{2.5}$ 小时浓度均值、$PM_{2.5}$ 与 PM_{10} 小时浓度均值比值、能见度小时均值和持续时间四项指标。当一个自然日(01:00 至 24:00)满足下述四个条件时,即可判定为灰霾污染日:$PM_{2.5}$ 小时浓度均值超过 75 $\mu g/m^3$,$PM_{2.5}$ 与 PM_{10} 小时浓度均值比值不小于 60%,且能见度小时均值不大于 5 km,上述三项同时满足并连续发生 6 h 及以上。目前尚未正式发布。

此外,随着自动能见度设备在气象观测上的广泛应用,由于自动能见度与人工能见度观测之间存在系统性误差,对于将 10 km 的能见度阈值作为判别轻雾和霾是否合适也有人提出了质疑。

由此可以看出,对于雾(主要是轻雾)和霾的判别标准,不仅在气象部门内部有争议,在气象部门和环保部门之间也存在着争议。但是不难看出雾(轻雾)、霾的判别指标中的主要争议是在能见度、相对湿度和大气颗粒物浓度的指标上。据此推断,造成这种争议的主要原因,是由于中国南北地域广,相对湿度差异较大,各地大气污染的程度也不同,如果用统一的相对湿度或大气颗粒物浓度临界值来判别轻雾或霾与实际情况不符,很有必要根据各地的实际情况建立相应的雾、霾判别指标。

4.1.4 重庆霾判别指标的建立

根据中国气象局在全国地面观测站开展能见度自动观测设备建设以来,重庆市主城区沙坪坝国家气象观测站于 2012 年 12 月建成了前向散射能见度自动观测仪,从此开始了重庆主城区能见度自动观测业务。从前面的讨论可知,由于自动能见度与人工能见度观测之间存在系统性误差,对于气象观测规范中定义 10 km 的能见度阈值作为判别霾是否科学,须进一步论证。此外,由于重庆为南方城市,相对湿度大,年平均相对湿度接近 80%,《霾的观测和预报等级》(QX/T113-2010)中定义的 80% 相对湿度指标和气溶胶颗粒物浓度指标是否适合重庆实际情况,有待深入研究。为此,下面以重庆主城区沙坪坝国家气象观测站及空气质量观测点的实际观测资料为基础,从能见度、相对湿度和气溶胶浓度三个要素入手,研究建立适合重庆的雾、霾判别指标。

2012 年,重庆市主城区沙坪坝国家气象观测站建成了前向散射能见度自动观测仪(能见度传感器型号为 Vaisala PWD50,测量范围为 0.01～35 km),并于 2012 年 12 月 1 日—2013 年 9 月 30 日进行人工和自动能见度对比观测,人工能见度对比观测时间为 08:00、11:00、14:00、17:00 四个时次。下面利用重庆沙坪气象观测站 2013 年 1 月 1 日—2013 年 9 月 30 日四个时次人工能见度观测及对应时刻自动能见度 10 min 平均资料;2014 年 1 月 1 日—12 月 31 日逐时自动能见度、相对湿度观测资料,以及重庆市环境监测中心在沙坪坝气象观测站附近设置的高家花园观测站 PM_{10}、$PM_{2.5}$ 逐时浓度资料,来分析研究适合重庆本地的霾判别标准。

采用相关系数、F 检验、对比差和相对对比差 4 个统计量来描述人工观测与自动观测能见度数据的差异:

(1)相关系数,即 $r_{xy} = \dfrac{\sum\limits_{i=1}^{n}(x_i - \overline{x})(y_i - \overline{y})}{\sqrt{\sum\limits_{i=1}^{n}(x_i - \overline{x})^2 \sum\limits_{i=1}^{n}(y_i - \overline{y})^2}}$,($x_i$ 表示自动能见度观测值,y_i 表示人工能见度观测值)反映自动站观测值与人工观测值之间相关关系的密切程度,可以简单描述两种观测资料的一致性。

(2)F 检验,又叫方差齐性检验,主要反映自动站观测值与人工观测值之间显著性差异。

(3)对比差,同一时次自动站观测值与人工观测值之间的差值,即 $A_i = x_i - y_i$。对比差值序列的平均值反映两种观测的系统性偏差。

(4)相对对比差,即 $B_i = (x_i - y_i)/y_i$,可以更好地处理不同能见度大小情况下的差别,该序列的平均值反映两种观测的系统性相对偏差。

4.1.4.1 雾、霾能见度判别阈值

(1)数据一致性检验

雾、霾判别的基本要素是能见度。因此,随着开展自动能见度观测后,我们首先应检验自动能见度和人工能见度观测资料的一致性和连续性。通过计算人工和自动能见度两组观测数据的相关系数为 0.95(样本数 1073,通过 $\alpha = 0.01$ 信度检验),F 检验值为 0.56,小于 F

检验临界值(显著性水平 α＝0.01,查表 F 值≈1),可以看出人工和自动能见度观测具有较好的相关性,不存在显著性差异,数据的可用性较高。为了更直观分析人工和自动能见度两组观测数据,以人工能见度观测值为参照从大到小排序,并进行线性趋势分析。图 4.1 和图 4.2 分别为人工与自动能见度观测值差异对比在 10 km 以下和 10 km 以上的两组数据变化趋势,可以看出人工和自动能见度两组观测数据的线性变化总趋势基本一致,反映出人工和自动能见度观测数据具有较好的一致性。

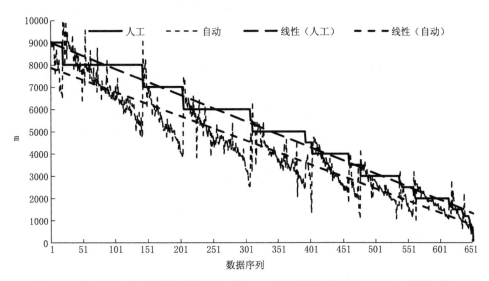

图 4.1　人工与自动能见度观测值差异对比(人工能见度观测值在 10 km 以下数据)

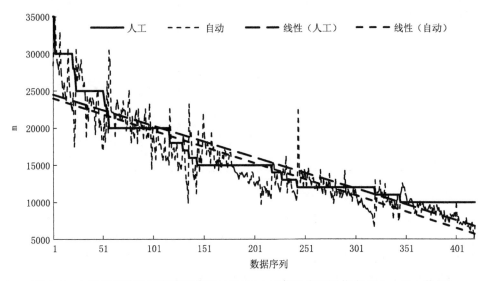

图 4.2　人工与自动能见度观测值差异对比(人工能见度观测值在 10 km 以上数据)

(2) 对比差与相对对比差分析

根据观测规定,人工能见度观测精度为 0.1 km,但是通过人工能见度实际观测数据分析可以发现,10 km 以上的能见度,观测精度通常为 1～5 km,5～10 km 范围的能见度观测精度通常为 0.5～1 km，5 km 以下的能见度观测精度通常为 0.1～0.5 km。通过分段计算人工与自动能见度观测两组数据的对比差与相对对比差（表 4.3），可以看出，自动能见度与人工能见度观测存在明显的系统误差，总体情况是自动能见度观测值低于人工能见度观测值。当能见度度大于 10 km 时，自动能见度的相对对比差在－10％以内，平均对比差值在 0.5～3 km，人工和自动能见度观测值之间存在明显的波动，可以认为在高能见度条件下，自动观测和人工观测比较接近，资料的可用性较好。作为重点研究雾、霾天气识别指标，我们主要关注 10 km 以内的能见度变化。在 10 km 以内，自动能见度与人工能见度相对对比差为－20％～－10％，尤其是 3～8 km，相对对比差最大达到－20％左右。根据中国气象局现行《地面气象观测规范》（2003 年版），10 km 是轻雾和霾的能见度判别阈值，因此 10 km 以内的能见度观测精度对判别轻雾和霾等天气现象具有至关重要的作用。通过计算，人工和自动能见度 1～10 km 的平均相对对比差为－15.6％，其中在 9～10 km 范围内平均相对对比差为－14％，两者相差不大；1 km 以下自动能见度平均值略高于人工能见度观测值。因此可以认为在 1～10 km 能见度范围内，自动观测能见度值比人工观测能见度值平均偏低15％左右。

表 4.3　人工与自动能见度对比差与相对对比差

能见度 V(km)	平均相对对比差（％）	平均对比差（m）
$V \geqslant 30$	－10.0	3064
$30 > V \geqslant 20$	－2.0	505
$20 > V \geqslant 10$	－6.3	734
$10 > V \geqslant 9$	－14.0	1262
$9 > V \geqslant 8$	－10.4	833
$8 > V \geqslant 7$	－19.6	1370
$7 > V \geqslant 6$	－19.8	1189
$6 > V \geqslant 5$	－20.9	1051
$5 > V \geqslant 4$	－18.3	755
$4 > V \geqslant 3$	－19.1	607
$3 > V \geqslant 2$	－12.6	289
$2 > V \geqslant 1$	－6.0	78
$V < 1$	29.9	－57

（3）雾、霾能见度判别阈值的确定

从人工和自动能见度对比观测资料分析结果可知，在 10 km 能见度以内，自动能见度观测值比人工能见度观测值平均低 15％左右，为了维持能见度观测资料的连续性和一致性，如果按照中国气象局《地面气象观测规范》中人工能见度 10 km 作为轻雾或霾的判别阈值，利用自动能见度观测值则应将轻雾和霾的判别阈值调整为 8.5 km，更为科学且符合实际。雾的自动能见度判别阈值仍然维持 1 km。

4.1.4.1　雾、霾相对湿度与气溶胶浓度判别指标

在气象观测中影响能见度的主要天气现象有降水、沙尘暴、扬沙、浮尘、烟幕、吹雪、雪暴等天气现象，作为重庆来讲，除降水外，沙尘暴、扬沙、浮尘、烟幕、吹雪、雪暴等天气现象通常

都不常见,因而影响重庆能见度的主要气象要素是相对湿度。此外,改革开放以来,重庆主城区由于经济规模的迅速扩大和城市化进程的加快,大量人为排放的气溶胶已成为影响能见度的重要非气象要素,即霾天气现象的主要成分。因此,对雾、轻雾和霾的判别除了能见度阈值指标外,相对湿度和大气气溶胶浓度也是较为重要的判别指标。

（1）重庆主城区 $PM_{2.5}$ 与 PM_{10} 的关系

目前,在大气气溶胶观测中主要对外公布的有 PM_{10}、$PM_{2.5}$ 及 PM_1 等颗粒物浓度。根据 PM 的分类,PM_{10} 是空气动力学当量直径小于等于 10 μm 的可吸入颗粒物,指飘浮在空气中的固态和液态颗粒物的总称。$PM_{2.5}$ 指环境空气中空气动力学当量直径小于等于 2.5 μm 的颗粒物,也称细颗粒物、可入肺颗粒物。$PM_{2.5}$ 的直径还不到人的头发丝粗细的 1/20,能较长时间悬浮于空气中,其在空气中含量（浓度）越高,就代表空气污染越严重。虽然 $PM_{2.5}$ 只是地球大气成分中含量很少的组分,但它对空气质量和能见度等有重要的影响。$PM_{2.5}$ 粒径小,活性强,易附带有毒、有害物质（例如,微生物、重金属等）,且在大气中的停留时间长、输送距离远,因而对人体健康和大气环境质量的影响更大。许多研究表明,$PM_{2.5}$ 是霾的重要成分。但由于 2013 年以前,重庆对外公开发布的主要污染物只有三种 PM_{10}、SO_2 和 NO_x,并未公开 $PM_{2.5}$ 质量浓度。从定义可以看出,PM_{10} 包含 $PM_{2.5}$,因此可以通过统计计算 $PM_{2.5}$ 与 PM_{10} 的关系来利用 PM_{10} 浓度值反算估计 $PM_{2.5}$ 的浓度值。

由于不同地区大气污染物成分不同,气象条件有差异,$PM_{2.5}$ 在 PM_{10} 中的所占比例也可能有差异,因此本研究中,选取了 2013—2014 年 PM_{10} 和 $PM_{2.5}$ 逐时浓度资料,进行分季节统计分析。统计结果表明,无论是全年还是按季节分类 PM_{10} 和 $PM_{2.5}$ 浓度之间存在较好的线性关系（图 4.3～4.9）,可以用线性方程来拟合。

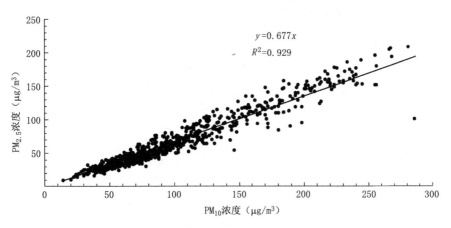

图 4.3　全年（1—12 月）PM_{10} 与 $PM_{2.5}$ 浓度关系

从不同季节 $PM_{2.5}$ 与 PM_{10} 的平均浓度比值（表 4.4）,可以看出,冬季 PM_{10} 中的 $PM_{2.5}$ 含量最高,达到 74%,夏季 PM_{10} 中的 $PM_{2.5}$ 含量最低,只有 58%,冬半年 PM_{10} 中的 $PM_{2.5}$ 含量平均为 69%,夏半年 PM_{10} 中的 $PM_{2.5}$ 含量平均为 60%。由于重庆主城区空气污染及雾霾天气出现的主要时段为冬半年,因此在制定重庆霾的气溶胶浓度指标时主要考虑冬半年 PM_{10} 和 $PM_{2.5}$ 浓度值。

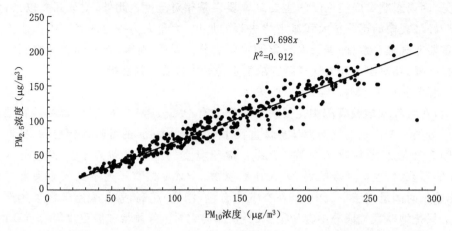

图 4.4　冬半年(10 月至次年 3 月)PM$_{10}$ 与 PM$_{2.5}$ 浓度关系

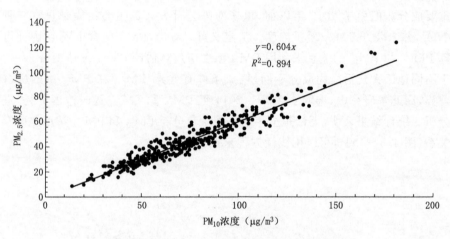

图 4.5　夏半年(4—9 月)PM$_{10}$ 与 PM$_{2.5}$ 浓度关系

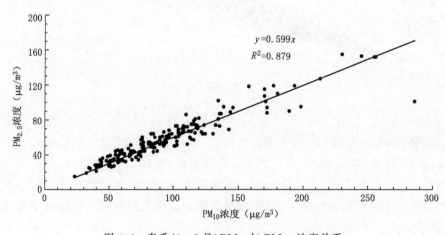

图 4.6　春季(3—5 月)PM$_{10}$ 与 PM$_{2.5}$ 浓度关系

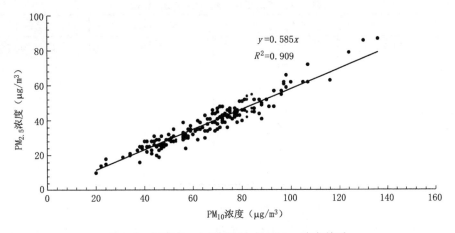

图 4.7　夏季(6—8 月)PM$_{10}$ 与 PM$_{2.5}$ 浓度关系

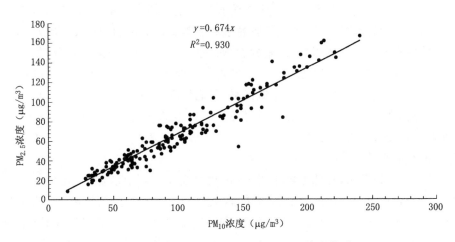

图 4.8　秋季(9—11 月)PM$_{10}$ 与 PM$_{2.5}$ 浓度关系

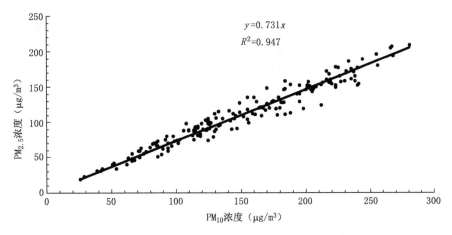

图 4.9　冬季(12 月至次年 2 月)PM$_{10}$ 与 PM$_{2.5}$ 浓度关系

表 4.4　不同季节 $PM_{2.5}$ 占 PM_{10} 比例

	$PM_{10}(\mu g/m^3)$	$PM_{2.5}(\mu g/m^3)$	比例(%)
春季(3—5月)	94.9	58.0	61
夏季(6—8月)	66.1	38.5	58
秋季(9—11月)	99.4	66.7	67
冬季(12月至次年2月)	148.5	109.2	74
夏半年(4—9月)	72.6	43.8	60
冬半年(10月至次年3月)	135.7	93.7	69
全年(1—12月)	102.0	67.9	67

(2)雾、霾与相对湿度及大气气溶胶的关系

根据气象学上的定义,雾和霾是自然界两种天气现象。但从前面的研究分析中,我们知道,当今出现在大城市中不论雾还是霾,其背后都有大量与人类活动有关的气溶胶粒子参与,都已经不是完全的自然现象。没有干气溶胶粒子就不能形成霾,没有气溶胶粒子参与在实际大气中也无法形成雾。由于干气溶胶粒子和云雾滴都能影响能见度,所以,当出现低能见度时,可能既有干气溶胶的影响(即霾的贡献),也可能有雾滴的影响(即雾的贡献)。霾和雾在一天之中可以变换角色,甚至在同一区域内的不同地方,雾和霾也会有所侧重。

为此,根据前面研究确定的重庆主城区雾、霾能见度判别阈值,按照能见度小于 1.0 km(表示雾)和能见度大于等于 1.0 km 且小于 8.5 km(代表轻雾或霾)分类选取个例,分别计算能见度与相对湿度、PM_{10} 浓度、$PM_{2.5}$ 浓度及 PM_{10} 和 $PM_{2.5}$ 的浓度差(用 $PM_{10}-PM_{2.5}$ 来表示)等的相关系数。

从表 4.5 中可以看出,在能见度小于 1 km 的情况下,能见度与相对湿度的相关系数为 -0.53,具有较好的相关性,说明相对湿度越大能见度越低,雾就越浓,相反雾与 PM_{10}、$PM_{2.5}$ 及 PM_{10} 和 $PM_{2.5}$ 的差值的相关系数为正值,反映出在相对湿度较大时(出现雾时相对湿度一般在 95% 以上),气溶胶颗粒物的浓度对能见度的影响不及相对湿度明显,也说明雾主要与水汽有关,相对湿度占主导作用。从以上统计个例中,重庆主城区能见度小于 1 km 时相对湿度绝大部分都在 95% 以上,占比为 81.3%,其余相对湿度都在 85% 以上且 $PM_{2.5}$ 浓度大于 150 $\mu g/m^3$,其中 $PM_{2.5}$ 浓度超过 200 $\mu g/m^3$ 的占比为 86%,因此当前重庆主城区的雾已经不是过去纯自然的雾。但是还是可以明显看出,能见度小于 1 km 时,相对湿度仍然占主导地位,对雾的判别仍然可以只参考能见度值。

表 4.5　雾、霾与相对湿度(RH)及 PM_{10}、$PM_{2.5}$、$PM_{10}-PM_{2.5}$ 的相关系数

能见度 V(km)	PM_{10}	$PM_{2.5}$	$PM_{10}-PM_{2.5}$	RH
$V<1.0$	0.25	0.27	0.12	-0.53
$1.0\leqslant V<8.5$	-0.48	-0.56	-0.07	-0.43

但是,当能见度范围在 1.0 km$\leqslant V<$8.5 km 时,能见度与相对湿度及 PM_{10}、$PM_{2.5}$、$PM_{10}-PM_{2.5}$ 均有一定的相关性,其中与 $PM_{2.5}$ 的相关性最好,为 -0.56,其次是 PM_{10} 为 -0.48,与相对湿度的相关系数为 -0.43,与 $PM_{10}-PM_{2.5}$ 的相关性最差。由于在气象观测中,轻雾和霾的能见度阈值设定是一样的,因此在能见度满足阈值标准时,要区分轻雾和霾,

大气气溶胶浓度是不可忽视的重要因素。

为了更加直观地了解相对湿度和 $PM_{2.5}$ 浓度对能见度的影响,通过按照划分不同的相对湿度和 $PM_{2.5}$ 浓度范围,分别计算相应条件下的平均能见度(表 4.6)。从表中可以看出,当相对湿度大于 85% 或者 $PM_{2.5}$ 浓度大于 $90\ \mu g/m^3$ 时,平均能见度一般低于 $8.5\ km$。因此,可以将相对湿度 85% 和 $PM_{2.5}$ 浓度 $90\ \mu g/m^3$ 作为重庆地区轻雾和霾的判别基础参考值。

表 4.6　不同相对湿度和 $PM_{2.5}$ 浓度条件下平均能见度

对应条件下平均能见度值(km)	$RH\geqslant$ 95	$95>RH$ $\geqslant90$	$90>RH$ $\geqslant85$	$85>RH$ $\geqslant80$	$80>RH$ $\geqslant75$	$75>RH$ $\geqslant70$	$70>RH$ $\geqslant65$	$65>RH$ $\geqslant60$	$60>RH$ $\geqslant55$	$55>RH$ $\geqslant50$	$RH<$ 50
$PM_{2.5}\geqslant200$	0.6	1.5	1.5	2.2	2.3	2.2	2.9	2.8	2.6	2.7	3.2
$200>PM_{2.5}\geqslant190$	1.3	2.1	2.2	2.0	2.6	2.1	2.9	2.7	3.4	3.1	3.9
$190>PM_{2.5}\geqslant180$	0.9	1.5	2.3	2.5	3.0	3.1	2.9	2.7	3.9	2.9	3.5
$180>PM_{2.5}\geqslant170$	0.9	1.4	2.4	2.0	2.7	2.6	3.9	2.7	6.4	3.7	
$170>PM_{2.5}\geqslant160$	1.5	1.7	2.7	2.7	3.0	3.0	3.6	5.4	7.0		4.3
$160>PM_{2.5}\geqslant150$	1.0	1.9	2.7	3.0	4.0	2.9	4.3	6.3	3.3	3.7	
$150>PM_{2.5}\geqslant140$	1.2	1.9	2.6	3.1	3.4	4.2	5.0	4.5	6.2	3.6	4.7
$140>PM_{2.5}\geqslant130$	1.4	1.9	2.6	3.6	4.0	5.0	4.0	4.9	5.7	6.7	4.5
$130>PM_{2.5}\geqslant120$	1.3	2.1	3.0	3.5	3.7	4.2	4.4	5.9	5.0	5.8	5.3
$120>PM_{2.5}\geqslant115$	1.3	2.3	3.7	4.0	4.5	4.2	5.5	6.5	4.4	8.1	6.1
$115>PM_{2.5}\geqslant100$	1.0	2.2	2.9	3.6	4.2	3.8	4.1	5.1	9.2		6.1
$110>PM_{2.5}\geqslant105$	1.1	3.0	3.5	3.9	5.2	3.9	6.7	5.0	5.0	6.5	5.8
$105>PM_{2.5}\geqslant100$	1.5	2.7	3.5	4.2	5.5	4.7	5.6	5.1	6.3		5.9
$100>PM_{2.5}\geqslant95$	1.2	2.4	3.5	4.2	5.5	5.4	5.6	6.3	6.0	7.7	6.5
$95>PM_{2.5}\geqslant90$	1.2	2.6	3.6	4.4	4.6	5.0	5.9	5.6	6.5	7.6	8.0
$90>PM_{2.5}\geqslant85$	1.6	2.6	3.8	4.8	4.8	6.5	6.0	6.6	6.9	7.4	9.0
$85>PM_{2.5}\geqslant80$	2.2	2.9	3.8	4.9	4.6	5.2	6.7	7.2	7.4	7.4	10.0
$80>PM_{2.5}\geqslant75$	1.3	3.0	4.4	5.4	5.8	7.0	6.6	7.5	7.4	9.0	9.4
$75>PM_{2.5}\geqslant70$	1.8	3.1	4.3	5.4	5.2	7.1	7.7	7.1	7.7	9.8	9.3
$70>PM_{2.5}\geqslant65$	2.2	3.3	4.3	5.5	6.2	7.5	7.5	7.7	8.8	9.7	12.5
$65>PM_{2.5}\geqslant60$	1.5	4.0	5.2	5.8	6.5	7.4	8.0	8.6	10.3	10.3	11.9
$60>PM_{2.5}\geqslant55$	2.0	3.8	5.5	6.3	7.1	7.2	8.4	9.0	10.2	11.2	12.7
$55>PM_{2.5}\geqslant50$	2.3	4.2	5.9	7.1	7.8	8.6	9.5	10.4	11.6	12.3	12.8
$PM_{2.5}<50$	3.5	6.4	8.5	10.9	10.4	12.0	12.7	13.8	15.9	17.3	19.5

同样,为了更加直观的了解相对湿度和 PM_{10} 浓度对能见度的影响,通过按照划分不同的相对湿度和 PM_{10} 浓度范围,分别计算相应条件下的平均能见度(表 4.7)。从表中可以看出,当相对湿度大于 85% 或者 PM_{10} 浓度大于 $130\ \mu g/m^3$ 时,平均能见度一般低于 $8.5\ km$。因此,可以将相对湿度 85% 和 PM_{10} 浓度 $130\ \mu g/m^3$ 作为重庆地区轻雾和霾的判别基础参考值。当 $PM_{2.5}$ 浓度 $=90\ \mu g/m^3$,PM_{10} 浓度 $=130\ \mu g/m^3$ 时,$PM_{2.5}$ 与 PM_{10} 的比值为

0.69,这与前面统计分析冬半年 $PM_{2.5}$ 在 PM_{10} 中的占比为 0.69 具有较好的一致性。

表 4.7　不同相对湿度和 PM_{10} 浓度平均能见度分类统计表

对应条件下平均能见度值(km)	$RH \geqslant 95$	$95 > RH \geqslant 90$	$90 > RH \geqslant 85$	$85 > RH \geqslant 80$	$80 > RH \geqslant 75$	$75 > RH \geqslant 70$	$70 > RH \geqslant 65$	$65 > RH \geqslant 60$	$60 > RH \geqslant 55$	$55 > RH \geqslant 50$	$RH < 50$
$PM_{10} \geqslant 200$	1.1	1.9	2.2	2.8	3.2	3.4	3.4	3.2	4.1	3.6	4.1
$200 > PM_{10} \geqslant 190$	1.5	2.0	2.7	3.1	3.2	4.3	4.6	5.7	7.1	5.1	4.2
$190 > PM_{10} \geqslant 180$	1.4	2.3	3.1	4.0	3.9	4.4	4.0	4.2	5.7	5.3	4.7
$180 > PM_{10} \geqslant 170$	1.0	2.0	3.8	4.1	4.1	3.7	5.3	5.1	4.9	4.3	4.5
$170 > PM_{10} \geqslant 160$	1.2	2.4	3.6	4.3	5.0	5.1	6.0	7.0	6.1	5.2	6.4
$160 > PM_{10} \geqslant 150$	1.5	2.5	3.5	4.0	4.0	4.8	5.3	6.0	5.3	5.4	4.7
$150 > PM_{10} \geqslant 140$	1.6	2.5	4.1	4.3	4.9	4.7	6.4	6.9	7.1	8.4	8.4
$140 > PM_{10} \geqslant 130$	1.2	2.3	3.4	5.2	5.2	5.6	5.9	7.4	7.9	7.4	7.3
$130 > PM_{10} \geqslant 120$	1.6	2.6	3.5	5.1	5.3	6.6	7.7	6.8	8.4	8.8	9.4
$120 > PM_{10} \geqslant 115$	1.4	2.6	4.0	6.2	6.2	6.9	6.4	7.7	8.7	8.6	9.8
$115 > PM_{10} \geqslant 110$	1.5	2.7	4.3	5.5	5.9	6.4	7.5	8.7	9.8	8.9	10.9
$110 > PM_{10} \geqslant 105$	1.6	2.9	4.5	5.0	5.8	7.3	8.7	7.5	8.3	8.9	11.5
$105 > PM_{10} \geqslant 100$	2.0	2.9	4.7	5.7	6.5	8.1	7.6	8.8	10.0	10.7	11.2
$100 > PM_{10} \geqslant 95$	1.7	3.9	4.7	5.5	6.8	7.9	8.2	8.9	10.4	10.3	11.3
$95 > PM_{10} \geqslant 90$	1.3	3.6	5.1	6.0	7.1	7.0	7.6	10.6	9.4	12.1	11.5
$90 > PM_{10} \geqslant 85$	1.5	4.0	4.8	5.6	7.1	8.6	8.6	9.0	10.3	11.6	11.7
$85 > PM_{10} \geqslant 80$	2.4	4.6	5.9	6.6	7.0	7.9	10.3	9.8	12.8	15.3	14.2
$80 > PM_{10} \geqslant 75$	2.1	4.6	5.7	6.6	7.9	8.3	9.5	10.8	11.0	13.1	14.0
$75 > PM_{10} \geqslant 70$	2.0	4.6	6.0	7.0	7.4	9.3	9.4	10.6	10.4	14.6	15.9
$70 > PM_{10} \geqslant 65$	2.5	4.8	6.2	7.4	8.5	10.0	11.0	12.5	13.3	13.6	15.2
$65 > PM_{10} \geqslant 60$	2.1	5.2	6.7	8.4	9.1	10.9	10.3	14.0	12.0	16.2	16.1
$60 > PM_{10} \geqslant 55$	2.8	4.8	6.6	7.2	8.9	11.1	12.4	13.4	15.0	17.5	18.3
$PM_{10} < 55$	3.2	5.6	7.6	9.2	11.6	11.6	12.8	12.3	16.9	19.0	20.1

基于以上的统计分析,我们可以重新构建重庆城区雾、霾判别指标,即:排除降水、沙尘暴、扬沙、浮尘、烟幕、吹雪、雪暴等天气现象造成的视程障碍,自动观测能见度 $\geqslant 1\ km$ 且 $<$ $8.5\ km$ 时,当相对湿度 $< 85\%$,判识为霾,当相对湿度 $\geqslant 85\%$ 且 $< 95\%$ 时,如果 $PM_{2.5}$ 浓度 $\geqslant 90\ \mu g/m^3$(PM_{10} 浓度 $\geqslant 130\ \mu g/m^3$),判识为霾,如果 $PM_{2.5}$ 浓度 $< 90\ \mu g/m^3$($PM_{2.5}$ 浓度 $< 130\ \mu g/m^3$),判识为轻雾;自动观测能见度 $< 1\ km$ 时,当相对湿度 $\geqslant 95\%$ 判识为雾,反之应为雾、霾混合物。

根据前面的分析及气象业务实际,在雾的观测和预警中没有太大的争议,因此本研究不单独建立雾的预警指标。根据新建立的重庆主城区霾判别指标,我们可以结合实际工作建立重庆主城区相应的霾的预警指标,如果当 $PM_{2.5}$ 浓度 $\geqslant 90\ \mu g/m^3$(PM_{10} 浓度 $\geqslant 130\ \mu g/m^3$)且相对湿度 $< 85\%$ 时,根据表 4.8 中的能见度标准来确定霾的预警等级。

表 4.8　重庆霾的预警指标

等级	能见度 V/km	服务描述
轻微	$5.0 \leqslant V < 8.5$	轻微霾天气,无须特别防护
轻度	$3.0 \leqslant V < 5.0$	轻度霾天气,适当减少户外活动
中度	$2.0 \leqslant V < 3.0$	中度霾天气,减少户外活动,停止晨练,驾驶员小心驾驶;因空气质量明显降低,人员需适当防护;呼吸道疾病患者尽量减少外出,外出可戴上口罩
重度	$V < 2.0$	重度霾天气,尽量留在室内,避免户外活动;高速公路、轮渡码头等单位加强交通管制,保障安全;驾驶人员谨慎驾驶;因空气质量差,人员需适当防护;呼吸道疾病患者尽量避免外出,外出时应戴上口罩

4.2　霾天气特征

在气象学上,雾、霾是两种不同的视程障碍天气现象,在物理性质上有着较大的差别,在此仅对霾天气特征进行分析讨论。

4.2.1　霾天气变化特征

根据前面的研究成果,按照人工能见度 $\geqslant 1\ km$ 且 $< 10\ km$(自动观测能见度 $\geqslant 1\ km$ 且 $< 8.5\ km$)时,排除降水、沙尘暴、扬沙、浮尘、烟幕、吹雪、雪暴等天气现象造成的视程障碍,当相对湿度 $< 85\%$,判识为霾,当相对湿度 $\geqslant 85\%$ 且 $< 95\%$ 时,如果 $PM_{2.5}$ 浓度 $\geqslant 90\ \mu g/m^3$(PM_{10} 浓度 $\geqslant 130\ \mu g/m^3$),判识为霾,统计了重庆主城区 2005—2014 年霾天气的变化特征。

4.2.1.1　霾的年度变化特征

重庆主城区沙坪坝气象站是从 2013 年 1 月 1 日起正式启用自动能见度观测,因此在霾日的统计中,2013 年以前的霾日能见度阈值为 10 km,之后为 8.5 km。重庆主城区近 10 年霾日数的变化规律为主要呈减少趋势(图 4.10),2005—2008 年霾日的减少趋势十分明显,从 2005 年的 186 d 减少到 2008 年的 110 d,2009、2011 年与 2008 年基本持平,其余时间维持在 140~159 d。

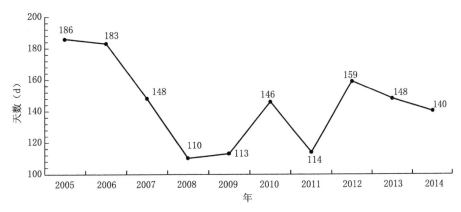

图 4.10　重庆主城区霾日的年度变化

4.2.1.2 霾的月变化特征

在重庆霾的月度变化特征中,重庆主城区一年四季都可能出现霾天气。从霾的月度分布看(图 4.11),重庆主城区霾主要出现的时间段为 11 月到次年 3 月,几乎一半以上时间是霾日,尤其是 12 月和 1 月,平均霾日数接近 20 d,在霾严重的时候,甚至整月都会出现霾天气。在夏季,霾日相对较少,一般为 5～9 d。

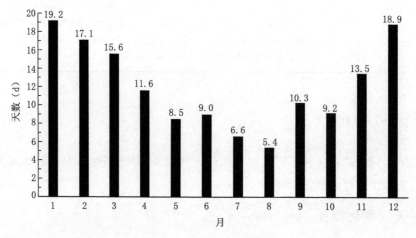

图 4.11 霾的月变化特征

4.2.2 霾天气大气环流特征

从前面的分析可知,重庆主城区霾天气也存在着典型的季节特征,多出现在冬半年。许多研究结果也表明,城市霾天气与城市大气污染有关,但是大气环流背景以及当地、当时的局地气象条件是形成霾天气的外部条件,为此,下面主要讨论重庆主城区霾天气的 500 hPa 大气环流特征。

通过采用划分方法中的 K-means 算法,对 2005—2014 年冬半年重庆主城区霾天气 500 hPa 高度场进行分类,将相同类型的高度场进行合成,归纳出 6 类大气环流形势,并计算了每一类天气类型下重庆主城区(沙坪坝站)主要气象要素的平均值(表 4.9),同时统计了每一类天气类型在每月中的分布(表 4.10)。为了方便大气环流形势分析,将 6 类天气类型分别定义为北槽南脊型、南支槽前型、一脊一槽型、北脊南槽型、两槽一脊型和纬向环流型。

表 4.9 不同天气类型气象要素平均值

类	气温 (℃)	气压 (hPa)	相对湿度 (%)	能见度 (km)	风速 (m/s)	雨量 (mm)	日照 (h)	总云量 (成)	低云量 (成)
1	10.9	988.6	78.8	29.2	1.2	0.4	7.2	8.1	5.1
2	19.5	988.0	82.3	33.4	1.1	1.3	4.8	8.6	6.2
3	10.7	990.2	81.2	29.6	1.2	1.0	4.6	9.3	6.5
4	8.3	988.4	78.2	32.2	1.2	1.0	3.2	9.2	7.1
5	10.7	992.5	81.0	30.3	1.2	1.1	4.1	8.5	5.9
6	14.6	988.0	83.1	30.6	1.2	1.1	6.3	8.4	6.8

表 4.10　不同天气类型在每月中的分布

	1 类	2 类	3 类	4 类	5 类	6 类
1 月	55		18	43	43	4
2 月	51		10	43	15	
3 月	13		11	3	32	12
10 月		77				5
11 月	9	14	7		11	58
12 月	35		44	10	40	14

第一类为北槽南脊型(图 4.12),40°N 以北高纬地区为明显负距平区,贝加尔湖以西为深厚槽区,冷空气中心在新疆以北地区聚集,还未影响我国,新疆到青藏高原为弱高压脊控制,脊线在 85°E 附近,重庆地区受偏西气流控制。由表 4.10 可知,此类天气类型为重庆主城区出现霾的较典型的天气形势,占霾天气的 24.1%,这类天气类型主要出现在冬季。此类天气对应的重庆主城区地面气象要素(表 4.9)为相对湿度较低(78.8%),平均气温在 10 ℃左右,日照时间最长,天空云量在 6 种天气类型中最少,能见度最低,平均雨量最小(0.4 mm)。由于高层为偏西气流影响,如果低层有弱辐合,会有弱降水出现,但上升运动较弱,不会出现明显的降水,大气的垂直扩散能力较差,降水的沉降作用有限,使大气污染物堆积在近地层,配合一定的湿度条件,容易形成霾。如果低层为偏北气流,便会出现阴天到多云天气,天空云量多,气温日较差小,近地层湍流弱,风力小,大气水平扩散能力差,大气颗粒物不易扩散,也利于霾的出现。

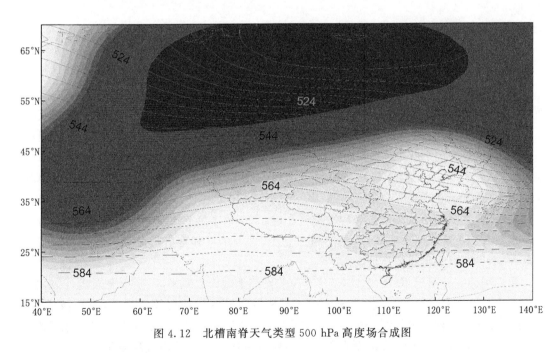

图 4.12　北槽南脊天气类型 500 hPa 高度场合成图

第二类为南支槽前型(图 4.13),亚欧地区为整片正变高区,中高纬以纬向环流为主,其上有短波槽脊活动,南支槽发展强盛,槽线位置在 85°E 附近,重庆地区受南支槽前西偏南气流影响。由表 4.10 可知,此类天气类型出现的概率为 13.4%,这类天气形势只出现在秋季,春季和冬季没有出现。此类天气对应的重庆主城区地面气象要素(表 4.9):相对湿度较高(82.3%),平均气温最高(19.5 ℃),平均能见度在 6 类天气形势中最大,日照时间较短,天空云量较多,风力最小,平均降雨量最大(1.3 mm)。由于高层为槽前西南气流影响,南支槽的发展使低层水汽输送充足,重庆地区容易出现阴雨天气,天空云量多,但北方没有明显冷空气南下,仍然不利于强降水的发生,降水的沉降作用不明显,大气颗粒物吸湿增长,使能见度降低,形成霾。

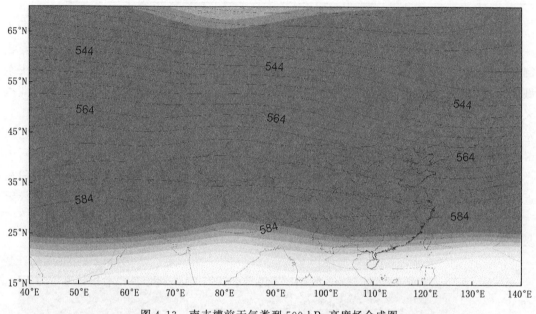

图 4.13　南支槽前天气类型 500 hPa 高度场合成图

　　第三类为一脊一槽型(图 4.14),乌拉尔山地区为明显正变高区,脊线呈东北—西南向的高压脊位于乌拉尔山地区,我国东北地区有一负变高中心,东亚大槽位于我国东部地区,弱冷空气以偏东回流形式侵入四川盆地,重庆地区受偏西波动气流影响。此类天气类型(表 4.10)出现的概率为 13.3%,这类天气形势主要出现在冬季和春季。对应的重庆主城区地面气象要素(表 4.9):相对湿度较高(81.2%),平均气温在 10 ℃左右,平均能见度较低,日照时间较短,天空云量在 6 类天气类型中最多,受弱冷空气影响,气压有所上升,平均降雨量为 1.0 mm。因为受偏西波动气流和弱冷空气影响,重庆地区容易出现阴雨天气,天空云量多,弱降水的稀释沉降作用不明显,近地层风力较小,大气水平和垂直扩散能力较差,大气污染物悬浮在近地层,利于霾的出现。

　　第四类为北脊南槽型(图 4.15),55°N 以北高纬地区为正距平区,高压脊强盛,巴尔喀什湖附近有低槽东移,引导冷空气影响我国,35°N 以南地区以纬向环流为主,有短波槽脊活动,重庆地区受偏西气流控制。由表 4.10 可知,此类天气类型占重庆主城区出现霾天气的 14.6%,这类天气类型几乎全出现在冬季。对应的重庆主城区地面气象要素(表 4.9):相对湿度在 6 类天气形势中最低(78.2%),因为是冬季,平均气温也最低(8.3 ℃),日照时间最短,天空云量较多,平均降雨量 1.0 mm。由于重庆地区受偏西气流影响,高原上有弱波动槽

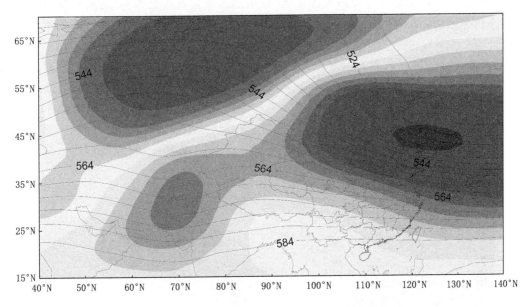

图 4.14 一脊一槽天气类型 500hPa 高度场合成图

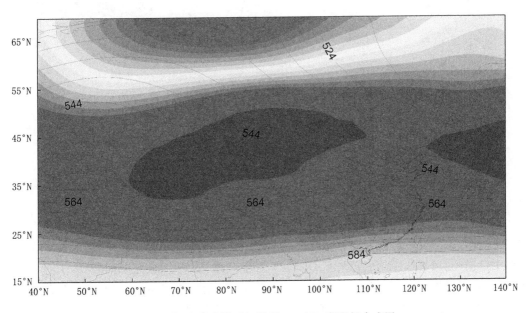

图 4.15 北脊南槽天气类型 500 hPa 高度场合成图

脊东移,但相对湿度较低,重庆以阴天为主,如有降水发生,雨量也较小,天空云量多,气温日较差小,大气边界层湍流活动不明显,大气垂直扩散能力差;同时,冷空气在新疆地区,没有到达四川盆地,重庆地区受均压场控制,近地层风速小,大气水平扩散能力较差,大气污染物颗粒吸附大气中的水汽,有消光作用,使能见度降低形成霾。

第五类为两槽一脊型(图 4.16),两槽分别位于乌拉尔山地区和东亚沿岸,蒙古地区有一正变高中心,高压脊脊线呈东北—西南向从贝加尔湖到新疆北部,我国 35°N 以北高纬地区受西北气流控制,以南地区为偏西气流影响,重庆地区受偏西气流控制,与第三类天气类型类似,重庆地区受偏东弱冷空气回流影响。由表 4.10 可知,此类天气类型占重庆主城区出现霾天气的 20.8%,这类天气类型主要出现在冬季和春季,秋季出现较少。对应的重庆主城区地面气象要素(表 4.9):相对湿度较高(81%),平均气压在 6 类天气类型中最高,平均气温在 10 ℃左右,日照时间较短,天空云量较多,平均降雨量 1.1 mm。因为受偏西波动气流和弱冷空气回流影响,重庆地区容易维持阴雨天气,天空云量多,弱降水的稀释沉降作用不明显,近地层风力较小,气温日较差小,大气边界层湍流活动不明显,混合层高度低,大气水平和垂直扩散能力较差,大气污染物颗粒悬浮在近地层,利于霾的出现,容易出现持续性污染天气。

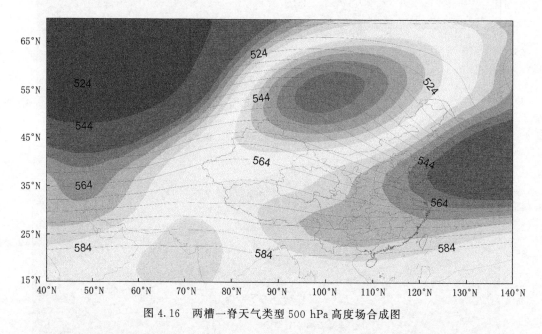

图 4.16　两槽一脊天气类型 500 hPa 高度场合成图

第六类为纬向环流型(图 4.17),乌拉尔山地区及东亚地区有两个正变高中心,我国大部地区受纬向波动气流影响,重庆地区受偏西波动气流影响,无明显冷空气影响我国。由表 4.10 可知,此类天气类型占重庆主城区出现霾天气的 13.7%,这类天气类型主要出现在秋季,冬季和春季出现相对较少。对应的重庆主城区地面气象要素(表 4.9):相对湿度在所有类型中最高(83.1%),平均气压较低,平均气温为 14.6 ℃左右,日照时间较长,天空云量较多,平均降雨量 1.1 mm。重庆地区因为高层受偏西波动气流影响,低层有偏南气流水汽输送,相对湿度较高,重庆地区以阴雨天气为主,天空云量多,但无冷空气影响,中低层辐合弱,抬升运动不强,降水较弱,弱降水的稀释沉降作用不明显,近地层风力小,大气水平扩散能力较差,大气污染物颗粒悬浮在近地层,在一定湿度条件下,形成霾。

从霾天气个例高层环流分型可以看出,重庆高层一般受偏西波动气流影响,如果低层有弱辐合,会有弱降水出现,但上升运动较弱,不会出现明显的降水,大气的垂直扩散能力较差,降水的沉降作用有限,使大气污染物堆积在近地层,大气污染物颗粒吸附大气中的水汽,有消光作用,使能见度降低形成霾。如果低层为偏北气流,重庆地区以阴天为主,天空云量多,气温日较差小,近地层湍流弱,风力小,大气垂直和水平扩散能力差,大气颗粒物不易扩

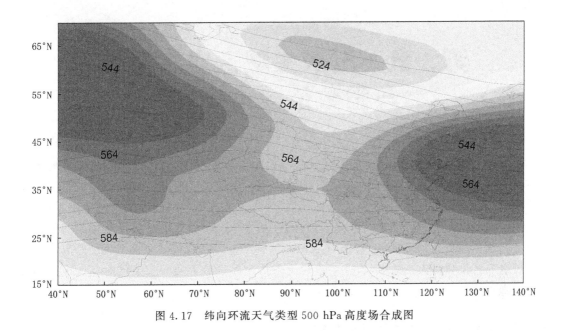

图 4.17　纬向环流天气类型 500 hPa 高度场合成图

散,在一定湿度条件下,也利于霾的出现。

4.3　霾与空气污染的关系

众多的研究成果已经表明,如今的霾天气与城市大气污染有着密切的联系。由于重庆主城区为特殊的盆地地形,主城核心区主要位于中梁山、铜锣山和真武山之间的小盆地内,城区内有大量的污染物排放源,平均风速小(年平均风速为 1 m/s 左右),污染扩散能力弱,成为全国空气质量较差,霾天气较为严重的城市之一。根据环保部门公布的结果,重庆主城区近 10 年大气主要污染物已由过去的 SO_2 转为可吸入颗粒物(PM_{10}、$PM_{2.5}$ 等)。

第 5 章　重庆主城区空气污染
与霾数值模拟研究

　　前面利用观测资料分析了重庆主城区空气污染及霾天气的天气特征,初步了解局地气象条件对空气污染和霾天气的影响机制。数值模拟主要是采用数值方法来模拟大气运动和变化规律,利用数值模式开展个例模拟是气象、污染气象等研究中经常采用的技术手段,通过模拟结果可以较好地了解天气过程、空气污染的发生、发展、物理过程及变化规律等。本章通过选取典型个例,分别采用 WRF-CHEM 和 WRF/CMAQ 模式来模拟大气边界层气象条件对空气污染和霾天气的影响,进一步讨论重庆主城区边界层气象条件对空气污染和霾天气的影响机制。

5.1　典型污染天气个例模拟

　　典型空气污染个例模拟选择 WRF-CHEM 模式。WRF-CHEM 模式中心点取为 $(106.5°E, 29.5°N)$,模式采用四重嵌套,水平分辨率分别为 27 km、9 km、3 km 和 1 km。模式垂直方向的层数设为 40 层,为提高模式对边界层过程的描述能力,加密了边界层垂直层数,其中 1000 m 以下分 15 层,最低层高 50 m。WRF 模式参数化方案中边界层方案分别设置 YSU 和 MYJ 两种试验方案,黏性层为 Monio-Obukhov 方案,表面层为 Unified Noah land-surface model,长波为 RRTM 方案,短波为 Dudhia 方案,微物理为 WSM 3-class simple ice scheme 方案,积云对流为 Kain-Fritsh 方案。在化学参数设置中不考虑气溶胶气候效应反馈机制,去除气溶胶排放以及气体转化为二次气溶胶的化学变化过程。模式所需的气象输入数据使用 NCEP FNL 客观分析资料,网格分辨率为 $1° \times 1°$,时间分辨率为 6 h。污染源排放清单采用 ITEX-B 计划发布的 2006 年亚洲地区污染物排放清单。

　　模拟选取的污染天气个例为 2009 年 11 月 8—11 日一次重庆主城区连续性轻度污染天气过程。8 日为雾天,雾出现于 08:00,消散于 12:21,最小能见度 300 m,9 日为晴天,10、11 日为阴天,其中 8—10 日为连续轻度污染天气,11 日为污染结束日。

5.1.1　气象场模拟结果检验

　　在空气污染过程数值模拟中,气象背景场是基础,气象场模拟结果的准确度会直接影响空气质量浓度模拟结果的可靠性,因此很有必要对气象场模拟结果进行检验。

5.1.1.1　近地面温度日变化

　　对近地面温度模拟检验,分别采用重庆主城区 3 个代表站(沙坪坝 57516、渝北 57513 和巴南 57518)的地面逐时温度及 3 个代表站逐时平均温度与 WRF-CHEM 两种边界层参数化方案模拟值进行对比。从 3 个代表站逐时平均温度模拟与实况日变化对比(图 5.1)可以看出,两种方案均较好地模拟出了重庆主城区温度的日变化特征,但在不同的天气背景下两种边界层方案对地面温度的模拟效果还是有细微的差别。在雾天背景下,两种方案模拟结果相关系数偏低(表 5.1,24 h 检验,样本数 $n=24$),模拟温度总体偏高,无论白天还是夜间 MYJ 方案模拟的温度均比 YSU 方案偏高,两种方案模拟的最高温度比实况高 4～5 ℃。在晴天背景下,两种方案模拟效果均好于雾天背景下,其中 MYJ 方案模拟温度要略优于 YSU 方案。在阴天背景下,两种方案模拟值与实况值相关系数与晴天差不多,均到达了 0.97 以上,同样是 MYJ 方案模拟温度要略优于 YSU 方案。此外,通过对 3 个代表站模拟温度单独对比,模式对重庆主城区沙坪坝站、渝北站和巴南站模拟和观测的地面 72 h 逐时温度散点图(图 5.2)表明,MYJ 方案模拟温度与三个实况观测点温度的相关系数 R 分别为 0.90、0.83 和 0.86(72 h 检验,样本数 $n=72$),均略高于 YSU 方案,说明 MYJ 方案在模拟重庆地面温度时优于 YSU 方案。

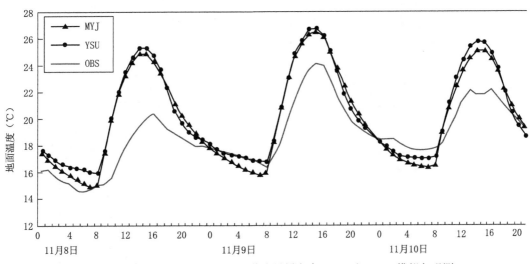

图 5.1　2009 年 11 月 8—10 日两种边界层方案(YSU 和 MYJ)模拟与观测
(57516、57513、57158 站)地面温度(2 m)平均日变化对比(单位:℃)

表 5.1　不同天气背景下两种边界层参数化方案模拟地面温度

地面温度	雾天(8 日)		晴天(9 日)		阴天(10 日)	
	MYJ	YSU	MYJ	YSU	MYJ	YSU
相关系数	0.90	0.87	0.98	0.97	0.98	0.97

综合三天温度模拟对比,虽然两种方案均模拟出了温度的日变化基本特征,但由于对湍流混合过程的处理不同,即使采用相同的陆面参数,地表湍流输送的差异使得两种边界层参数化方案模拟的地面温度存在差异,地面温度的模拟对边界层参数化方案较为敏感。两种边界层参数化方案模拟的夜间地面温度与观测值比较接近,白天夜间则普遍偏高,尤其在 13:00—17:00 高温时段则偏高明显,YSU 方案模拟结果偏高更明显。表明,在重庆这种特殊下垫面和冬季多云层覆盖的气象背景下,夜间多处于稳定边界层,白天受日照和山谷地形

影响,容易发生局地湍流,因而局地闭合的 MYJ 方案模拟地面温度优于非局地闭合 YSU 方案。

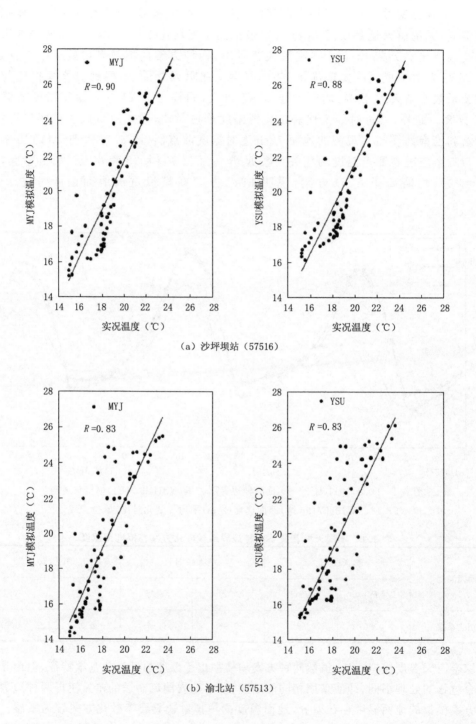

（a）沙坪坝站（57516）

（b）渝北站（57513）

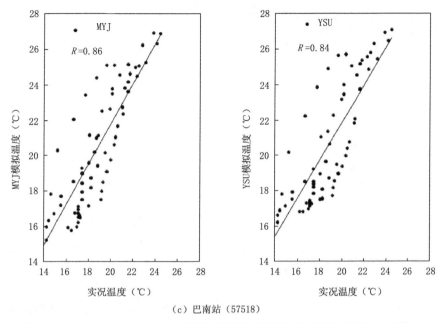

(c) 巴南站 (57518)

图 5.2　2009 年 11 月 8—10 日两种边界层方案 (YSU 和 MYJ) 模拟的与观测的
沙坪坝 (a)、渝北 (b) 和巴南 (c) 的地面温度 (2 m) 散点图

5.1.1.2　边界层风速日变化与垂直变化

两种边界层参数化方案模拟的重庆主城区内沙坪坝站 72 h 逐时地面 10 m 风速与观测值的对比如图 5.3 所示,两种方案模拟的地面风速日变化趋势与实况观测基本一致,尤其在雾天 (8 日) 和晴天 (9 日),两种方案均能较好地模拟出小风速时间段;在 9 日傍晚到夜间,MYJ 方案能较好地模拟出风速增大的趋势,而 YSU 方案模拟的风速明显偏小;在 10 日傍晚到夜间,两种方案都较好地模拟出风速增大的趋势。此外,相关分析表明,MYJ、YSU 方案模拟风速与实况风速的相关系数 R 分别为 0.53、0.46,MYJ 方案的模拟效果略优于 YSU方案 (图 5.4)。

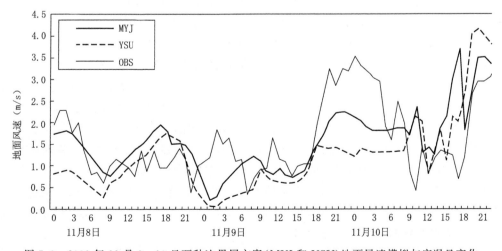

图 5.3　2009 年 11 月 8—10 日两种边界层方案 (MYJ 和 YSU) 地面风速模拟与实况日变化

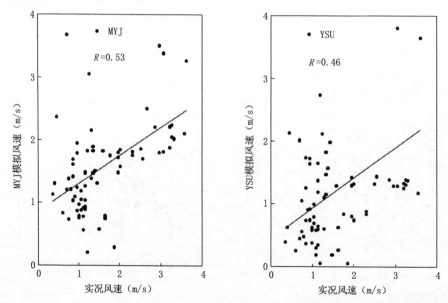

图 5.4　2009 年 11 月 8—10 日两种边界层方案(MYJ 和 YSU)模拟的与地面实况风速散点图

边界层风速随高度的变化比较复杂,垂直风速模拟效果检验采用不同边界层参数化方案模拟值与探空资料对比。由于探空资料只有 08:00 和 20:00 两个时次观测资料,为此选取了 8—10 日 08:00 和 20:00 共 6 个时次模拟结果与实况对比。从 106.46°E,29.58°N(与沙坪坝 57516 观测站对应,以下的单点值均选择此点)风速时间剖面(图 5.5)可以看出,两种边界层方案模拟效果差不多。两种方案模拟 8—10 日边界层 600 m 以下风速与探空观测基本一致,600 m 以上模拟风速与实况存在一定差异,其中在 8—9 日模拟风速比实况偏大,10 日模拟风速比实况偏小,两种方案基本上都能较好模拟出 10 日 20 时 600 m 以上高空 10 m/s 左右的较大风速。相比之下,MYJ 方案模拟的风速比 YSU 方案模拟风速稍微偏大一点。

5.1.1.3　近地面温度场和风场空间分布模拟对比分析

为检验模式对重庆主城区复杂下垫面夜间和白天风场和温度场空间分布的模拟效果,选取 2009 年 11 月 9 日 02:00 和 14:00 两个时次模拟与观测资料进行对比分析。

温度场模拟结果表明(图 5.6、图 5.7),两种参数化方案模拟的温度场空间分布特征基本一致,重庆城区盆地内温度高于周边,表现出明显的城市热岛效应。两种参数化方案模拟的夜间温度在城区盆地内沿长江和嘉陵江河谷呈现明显的较高温度中心,城区盆地内外温差在 2~3 ℃,与实况观测基本一致,日间温度仍然是城区盆地内温度高于周边,但是城区盆地内外温差相对要低些,在 1~2 ℃。MYJ 方案采用局地闭合方法,与非局地闭合方案 YSU 相比,湍流交换能力较弱,受地面影响不如非局地闭合方案强烈,地面大气在夜间降温幅度和日间增温幅度低于非局地闭合方案,导致 MYJ 方案模拟的夜间地面温度高于 YSU 方案,日间则低于 YSU 方案,且 MYJ 方案模拟的温度空间分布与实况更接近一些。两种参数化方案模拟的地面温度场结果也表明,受太阳辐射影响,中午大气向不稳定层结发展,湍流混合加剧,因此温度场的分布表现更为均匀。

风场模拟结果表明,两种参数化方案模拟的夜间和白天地面流场形势基本一致,城区盆

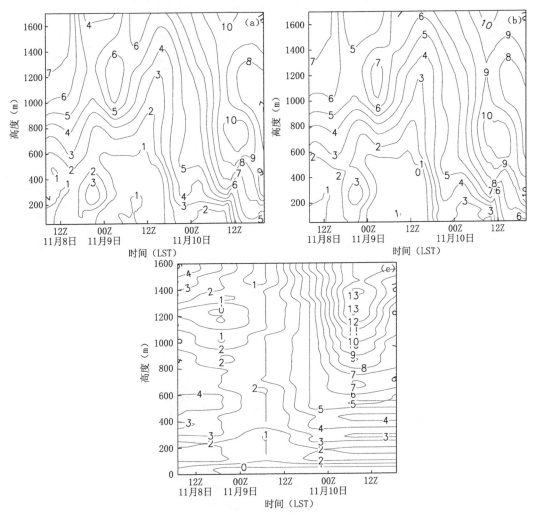

图 5.5　2009 年 11 月 8—10 日两种边界层方案 YSU(a)、MYJ(b)模拟与
探空实况(c)风速时间剖面对比(单位：m/s)

地中心及偏南部位风速较小。在 9 日 02：00，模拟的地面风场在重庆城区内有弱的风向辐合区，其中 MYJ 方案能够较好地模拟出在主城区东西两面山坡吹向城区盆地内弱的下坡风，且风速与实况更接近一些，而 YSU 方案仅模拟出在主城区西面山坡吹向城区盆地内弱的下坡风，且风速比实况小。在 9 日 14：00，两种边界层参数化方案模拟的重庆城区内气流由北向南的基本趋势与实况一致，实况观测中由城区向周边山坡吹的上坡风十分明显，但两种边界层方案均未能较好地模拟出这种特征。

此外，模拟还表明，河谷山地复杂地形和下垫面特征导致重庆市区大气斜压性明显，温度场和风场复杂。夜间，受辐射冷却和城市热岛效应的影响，城区周围山上地面大气温度比较低，沿山坡下滑形成下坡风，在河谷盆地形成地面弱辐合流场；白天情况与夜间相反，受周边山体及辐射影响，山坡增温比山谷快，地形作用形成的谷风环流加强了城区中心的下沉气流，但城市热岛效应对下沉气流有一定的抑制作用，从而使日间辐散流场较夜间的辐合流场弱，这些基本特征与实况观测基本一致，数值模拟结果也能基本反映这一特征。

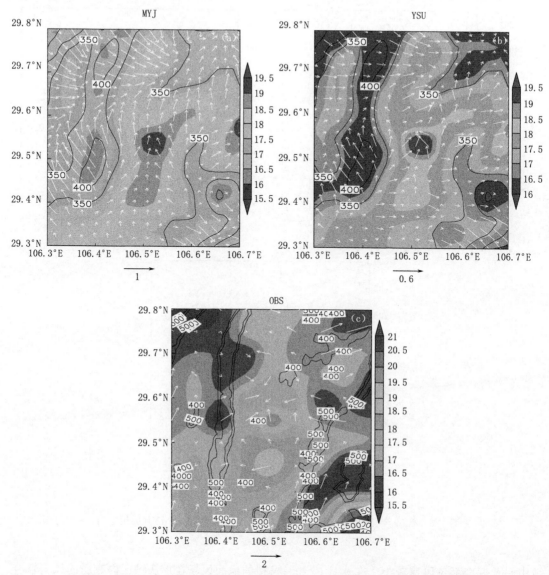

图 5.6　两种边界层参数化方案模拟的 2009 年 11 月 9 日 02：00 重庆主城区地面温度场（单位：℃）和风场（单位：m/s），图中黑线为等高线（单位：m），填色等值线为地面温度，箭头为风场

5.1.2　污染物浓度模拟检验

　　分析空气污染分布和变化通常采用数值模拟和监测资料分析两种方法。监测资料分析是获得污染物空间分布特征的直接方法，但往往由于监测点数量不足很难准确反映区域空间分布特征；采用经过验证的模式来模拟分析污染物浓度变化可以弥补监测资料不足，较全面地反映模拟区域空气污染特征。由于未检索到采用数值模拟方法开展重庆主城区大气污染模拟研究的相关文献，因此，检验 WRF-CHEM 数值模式对重庆这种复杂下垫面的污染模拟能力具有重要的意义。

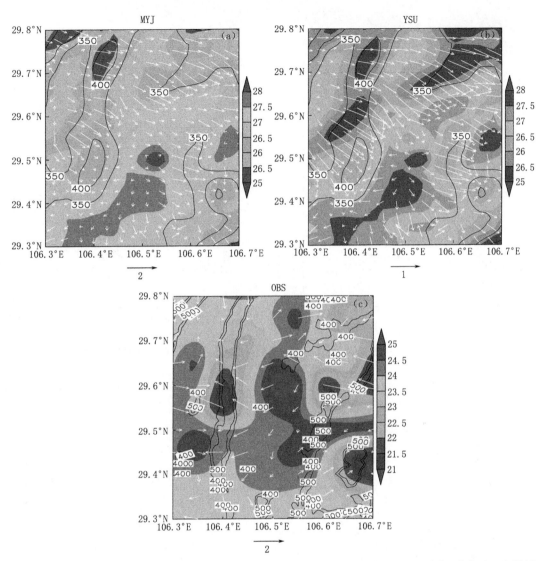

图 5.7　两种边界层参数化方案模拟的 2009 年 11 月 9 日 14:00 重庆主城区地面温度场(单位:℃)和风场
(单位:m/s),图中黑线为等高线(单位:m),填色等值线为地面温度,箭头为风场

5.1.2.1　不同方案模拟地面浓度结果对比分析

WRF-CHEM 模式输出中有多种污染物,本书主要选取 PM_{10}、SO_2 和 NO_2 三种污染物
浓度进行对比。WRF-CHEM 两种 PBL 参数化方案分别模拟的重庆主城区 PM_{10}、SO_2 和
NO_2 逐时浓度 10 个监测点平均值与监测值对比如图 5.8 所示,相关性分析表明,两种 PBL
参数化方案模拟的污染物浓度相关性明显比气象要素相关性差,其中 MYJ 方案模拟的
PM_{10}、SO_2 和 NO_2 浓度与实况相关系数分别为 0.34、0.45 和 0.49(72 h 检验,样本数 $n=$
72,通过 $\alpha=0.01$ 信度检验),均略高于 YSU 方案,说明 MYJ 方案在模拟重庆地面污染物浓
度时优于 YSU 方案。此外,从相关系数看,模式对气态污染物模拟效果好于颗粒污染物。
污染物浓度模拟值与实际观测值相差比较大的主要原因可能是所使用的 2006 年排放源清
单与实际排放相差较大。

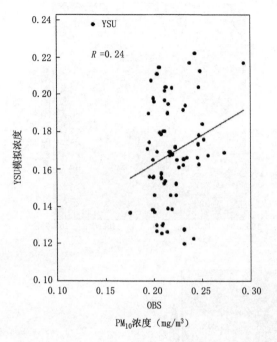

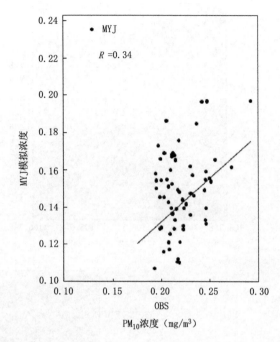

（a）PM$_{10}$

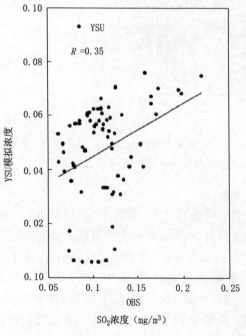

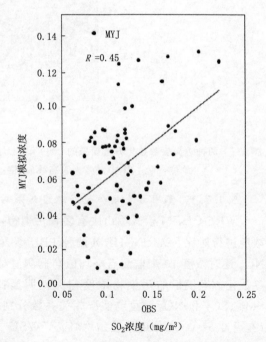

（b）SO$_2$

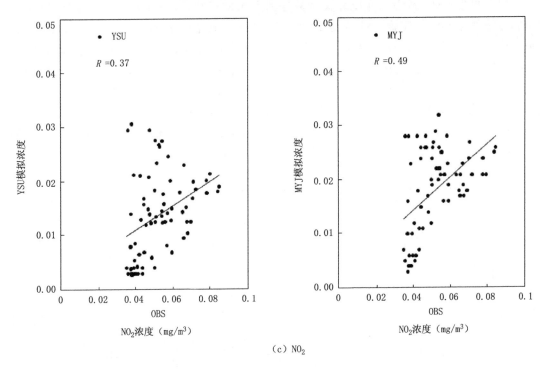

（c）NO₂

图 5.8　2009 年 11 月 8—10 日两种边界层方案（MYJ 和 YSU）模拟的 PM₁₀（a）、
SO₂（b）、NO₂（c）浓度与实况浓度散点图

5.1.2.2　不同方案模拟的污染物浓度日变化

不同方案模拟的污染物 PM₁₀ 浓度日变化特征如图 5.9 所示，两种方案均能基本模拟出污染物随时间变化特征，尤其是能够基本模拟出 8 日和 9 日 PM₁₀ 在中午前后的峰值特征，通过模拟表明重庆主城区 PM₁₀ 浓度在中午前后确实存在峰值。两种方案模拟的逐时浓度值基本接近，但都低于实况监测值，其中 8 日浓度模拟浓度值偏低明显。MYJ 方案和 YUS

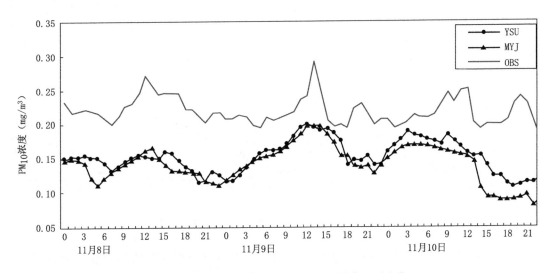

图 5.9　两种方案模拟与观测的 PM₁₀ 浓度逐时变化

方案 72 h 模拟 PM$_{10}$ 浓度与实况相关系数分别为 0.34(通过显著性 $\alpha=0.01$ 检验)和 0.24(通过显著性 $\alpha=0.05$ 检验),MYJ 方案对 PM$_{10}$ 浓度模拟优于 YSU 方案。污染物浓度随时间变化的特征是气象场变化导致污染扩散能力发生变化的结果,因此模式对气象场的模拟效果将直接反映在污染物浓度模拟之中,由于模式在模拟 10 日时,午后出现较大风速,因而也直接导致污染物 PM$_{10}$ 浓度在 10 日午后出现较大幅度下降,与实况相比提前了 8 h 左右。此外,WRF-Chem 中两种边界层方案 YSU 和 MYJ 模拟的 SO$_2$ 和 NO$_2$ 逐时浓度也能基本反映出日变化趋势(图 5.10、5.11),只是模拟的浓度值比观测值低一半左右,相关性分析同样表明 MYJ 方案对 SO$_2$ 和 NO$_2$ 浓度模拟优于 YSU 方案。

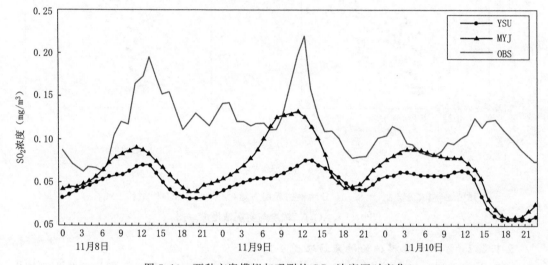

图 5.10　两种方案模拟与观测的 SO$_2$ 浓度逐时变化

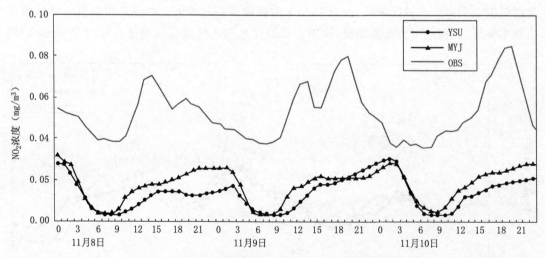

图 5.11　两种方案模拟与观测的 NO$_2$ 浓度逐时变化

　　总之,通过对 WRF-Chem 中两种边界层方案模拟的气象场和污染物浓度检验表明,两种边界层方案均能较好地模拟出气象场和污染物浓度的变化趋势,其中 MYJ 方案对气象场的模拟效果优于 YSU 方案,由于污染物浓度变化与气象要素变化密切相关,相应地 MYJ 方案对污染物浓度的模拟效果也优于 YSU 方案,因此,下面选取 MYJ 方案模拟结果来分析气象条件对污染物的影响机制。

5.1.3　不同天气背景下大气稳定度状况对污染影响分析

根据边界层理论,边界层中大气稳定度影响着空气的运动,对污染物扩散有重要影响。围绕大气稳定度描述出现了许多有关的定义和分类方法,如理查逊数、莫宁—奥布霍夫长度等,能从理论上把大气的热力和动力条件对湍流的产生、发展或抑制能力客观地描述出来。本书通过计算总体理查逊数来简单判断大气稳定度的变化趋势及对污染物的影响。从选取个例三天 08:00 探空资料计算的逆温层高度为 50～200 m,平均逆温层高度为 150 m 左右,选取了模拟结果中 106.46°E,29.58°N 点计算了 150 m 高度内三种天气的逐时总体理查逊数(图 5.12)。

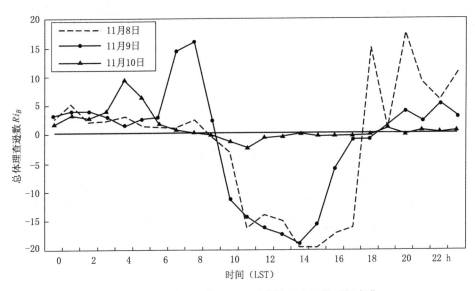

图 5.12　2009 年 11 月 8—10 日总体理查逊数时间变化

总体理查逊数计算公式为:

$$Ri_B = \frac{g\,\Delta\overline{\theta}_{vk}\,\Delta Z_k}{\overline{\theta}_{vk}\left[(\Delta\overline{U})^2 + (\Delta\overline{V})^2\right]}$$

其中 $\Delta\overline{\theta}_{vk}$ 表示第 k 层与最低层之间的大气位温差,单位为 K,ΔZ_k 为气层厚度,单位为 m,$\overline{\theta}_{vk}$ 表示第 k 层与最低层之间的大气平均位温,单位为 K,$\Delta\overline{U}$、$\Delta\overline{V}$ 分别为 k 层和底层风速东西分量、南北分量之差,单位为 m/s,g 为重力加速度。

由于理查逊数本身并不能说明湍流强度,但是能表示有无湍流的存在,无湍流存在时大气表现为稳定状态,有湍流存在时大气表现为不稳定状态。由 Ri_B 的定义可以知,当 Ri_B 为正值时表示上层位温高,下层位温低,有逆温存在,湍流发生的可能小,大气处于稳定状态,Ri_B 值越大表示逆温越强或者高低空风切变越小,边界层高度低;反之当 Ri_B 为负值时表示上层位温低,下层位温高,无逆温存在,湍流发生的可能大,大气处于不稳定状态,Ri_B

值越小表示高低空风切变越大,边界层高度高。由于所计算的气层厚度为 150 m,取 $Ri_B = 0.25$ 为临界值。在雾天(8 日)和晴天(9 日)背景下,00:00—09:00,$Ri_B > 0.25$,大气处于相对稳定状态,对应的污染物浓度下降速度也非常慢(以 PM_{10} 浓度变化为例)(图 5.13);10:00—18:00,$Ri_B < 0.25$,尤其在 11:00—17:00 出现较大的负值,大气应该是很不稳定的,非常有利于污染物扩散,对应的污染物浓度下降速度也非常快;19:00 以后 $Ri_B > 0.25$,大气又逐渐趋于稳定,污染垂直输送能力也明显减弱。在阴天背景下,00:00—08:00,$Ri_B > 0.25$,相比雾天和晴天 Ri_B 的值更大一些,大气处于相对更加稳定的状态,污染扩散能力更弱,相应污染物浓度也出现不降反增的现象;09:00—19:00,$Ri_B < 0.25$,相比雾天和晴天 Ri_B 值的绝对值更小一些,虽然也是处于不稳定状态,但湍流应该是要弱一些,污染扩散能力也是要差一些;20:00 以后 $Ri_B > 0.25$,大气逐渐转为相对稳定状态,但是相比雾天和晴天 Ri_B 的值更小一些,在 10 日夜间的湍流强度应该比 8、9 日夜间的湍流强度强(与第 4 章中分析的湍流动能变化基本一致),因而在 10 日夜间污染物扩散条件要明显好得多,这也是 10 日夜间污染物浓度出现明显下降的重要原因。总之,从总体理查逊数的变化能够较好地判断大气稳定状况的变化趋势,也一定程度反映了大气对污染物扩散能力的变化。

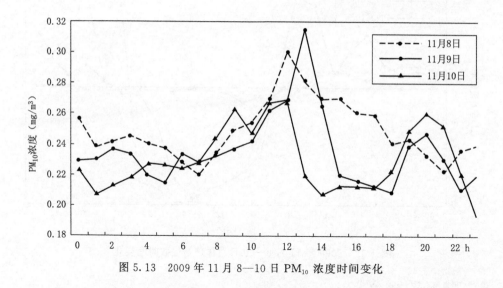

图 5.13　2009 年 11 月 8—10 日 PM_{10} 浓度时间变化

5.1.4　不同天气背景下边界层高度对污染影响分析

边界层高度(PBLH)是分析边界层结构的重要物理量,决定了可供污染物扩散稀释的潜在空气体积,PBLH 高时污染物可以在更大的空间内扩散稀释,从而降低浓度,因此,PBLH 也是影响空气质量的重要指标。

许多研究都表明,在水平扩散能力较差的情况下,边界层高度对污染物浓度有着明显的影响,通常是边界层高度越高,污染物垂直扩散能力越强,污染物浓度越低。由于重庆主城区特殊盆地地形特点,地面风速都比较小,平均风速为 1 m/s 左右,可以认为水平扩散能力很弱,污染浓度变化主要受垂直扩散影响。从模拟逐时边界层高度变化与 PM_{10} 浓度变化(图 5.14)看,边界层高度与 PM_{10} 浓度并不存在直接的相关,而是存在延时效应。由于夜间大气边界层比较稳定,PBLH 也比较低,与污染物浓度相关性不大,通过计算白天 08:00—

17:00 PBLH 与 PM_{10} 的相关系数发现(表 5.2)，PBLH 与 1～3 h 后 PM_{10} 浓度负相关较好，因而 PBLH 对 PM_{10} 浓度的影响具有 1～3 h 延时作用。

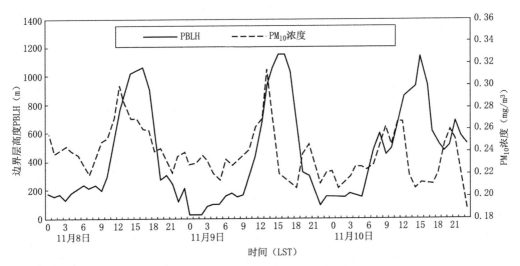

图 5.14　逐时边界层高度与 PM_{10} 浓度

表 5.2　白天 PBLH 与 PM_{10} 浓度相关性

相关系数	8 日	9 日	10 日
同时刻	0.56	0.45	0.57
后 1 小时	0.00	−0.12	0.16
后 2 小时	−0.53♯	−0.55♯	−0.38
后 3 小时	−0.83 *	−0.85 *	−0.62 **

*、** 和 ♯ 分别表示通过 $\alpha=0.01$、0.05 和 0.1 显著性水平检验。

在 8 日夜间由于出现晴空，辐射降温强，在 00:00—09:00 PBLH 平均为 193 m，PBLH 对 PM_{10} 浓度的影响并不明显，而 PM_{10} 在此时间段内降低速度比较快，其主要原因是起雾前近地层水汽逐渐增加，相对湿度在 93%～99%，水汽凝结形成雾必须有凝结核的帮助，此时的细颗粒物(PM_{10})就正好起到了凝结核作用，PM_{10} 被大量水汽吸附和自然沉降，浓度逐渐降低。08:00 以后随着人类活动的不断增加，污染物排放明显增加，虽然 09:00 以后边界层高度逐渐升高，由于受雾的影响 PBLH 升高速度较慢，11:00 PBLH 超过 500 m，污染扩散能力才明显增强，但是由于 PBLH 对 PM_{10} 浓度影响具有滞后效应，污染扩散速度明显低于排放增加速度，因而监测到 PM_{10} 的浓度仍然呈升高趋势。随着雾的逐渐消散 PBLH 升高较快，在 13:00 前后 PBLH 超过 900 m，大气边界层垂直扩散作用也是明显增强，污染扩散速度超过排放速度，PM_{10} 浓度达到最大值，之后随着 PBLH 的继续升高，扩散能力进一步增强，PM_{10} 浓度呈现明显下降趋势。18:00 以后 PBLH 降到 300 m 以下，按照前面计算雾天 PBLH 对 PM_{10} 浓度影响滞后 2～3 h，与 PM_{10} 浓度在 21:00 前后降到低值 0.222 mg/m^3 相吻合，之后夜间 PBLH 对 PM_{10} 浓度影响就不明显了。

9 日夜间与 8 日夜间天气状况差不多，为晴空，辐射降温强，在 00:00—09:00PBLH 平均为 106 m，PBLH 对 PM_{10} 浓度的影响并不明显，相对湿度在 84%～95%，不具备起雾的条件，PM_{10} 被水汽吸附作用明显不及有雾的情况，因而在此时间段内 PM_{10} 浓度的平均自然降低速度相比雾天较慢。08:00 以后随着人类活动的不断增加,污染物排放明显增加,虽然 09:00 以后边界层高度逐渐升高,由于受有云的影响 PBLH 升高速度较慢,11:00 PBLH 才 435 m,12:00 观测记录才有 0.4 h 的日照,此时 PBLH 迅速升到 640 m,污染扩散能力才明显增强,但是由于晴天 PBLH 对 PM_{10} 浓度影响具有滞后 1~2 h,PM_{10} 浓度在 13:00 前后达到最高值,之后随着日照增强 PBLH 继续升高,14:00—17:00 PBLH 超过了 1000 m,PM_{10} 浓度呈现大幅度下降。由于 17:00 以后就没有观测到日照时数,PBLH 开始迅速下降,18:00 以后 PBLH 降到 330 m 以下,相应 PM_{10} 浓度也降到低值,之后随着大气的扩散作用明显减弱,污染排放并未相应明显降低,PM_{10} 浓度又开始出现增加趋势。

10 日夜间为阴天,辐射降温弱,夜间温度变化不明显,阴天夜间温度相对较晴天高。在 00:00—06:00 PBLH 平均为 180 m,平均相对湿度为 86%~91%,PBLH 对 PM_{10} 浓度的影响并不明显,PM_{10} 浓度变化也不大。但由于阴天基础温度高,边界层高度上升时间早于晴天,07:00 以后边界层高度就达到了 495 m,之后开始逐渐升高,12:00 PBLH 达到 859m,在 07:00—12:00 时间段内平均边界层高度为 593 m,比 8 日(373m)和 9 日(315 m)同时段边界层高度高,大气扩散条件明好于 8 日和 9 日同时段,因而较快抑制了污染物浓度的增加,PM_{10} 浓度在 12:00 前后就达到最高值,由于 PM_{10} 浓度增加的时间比在雾天和晴天少 1 h,此时 PM_{10} 最大浓度值(0.268 mg/m^3)也比雾天(0.3 mg/m^3)和晴天(0.315 mg/m^3)低。因此,可以认为在污染物排放增加的时间段内,边界层高度增加越快,越有利于抑制污染物浓度的增加。之后随着边界高度的继续升高,PM_{10} 浓度也迅速下降,18:00 前后降到低值,之后随着大气的扩散作用减弱,污染排放并未相应明显降低,PM_{10} 浓度又开始出现增加趋势。

通过前面的分析中,PM_{10} 浓度的变化滞后 PBLH 变化 2~3 h 的原因可以解释为大气边界层气象条件变化后,PM_{10}(或其他污染物)在大气扩散作用下才逐步发生变化,是一个缓慢的渐变过程,因而存在滞后效应,大气边界层气象条件变化速度越快,污染物扩散响应时间也越短。因此通过 PBLH 变化对 PM_{10} 浓度变化的影响分析,能够较好地解释 PM_{10} 的日变化特征,因此在业务中可以通过预报 PBLH 值大体计算 PM_{10} 浓度的逐时变化态势,可为开展污染浓度预报提供一定的科技支持。

5.1.5 不同天气背景下边界层风场对污染浓度影响分析

5.1.5.1 雾天边界层风场对污染浓度影响机制

从 11 月 8 日边界层流场时间剖面图可以看出(图 5.15),在 00:00—03:00 内 1500 m 以下边界层内都是受下沉气流控制,600 m 以下风速为 3~4 m/s(图 5.16),在 03:00—08:00 近地层风速逐渐减小基本维持在 1 m/s 左右,甚至出现静风,从流场上看 600 m 以下近地层大气出现静稳状态。由于夜间为晴空,出现较强的辐射降温,200 m 以下形成稳定的逆温层(图 5.17),近地层水汽逐渐增加(图 5.18)最大相对湿度增到 99%,为雾的形成创造了良好的气象条件。这种稳定的大气边界层,对污染物的垂直扩散作用非常弱,但是水汽凝结形成雾必须有凝结核的帮助,此时的细颗粒物(本书主要讨论 PM_{10})就正好起到了凝结核作用,随着 PM_{10} 被大量水汽吸附和自然沉降,在雾天 PM_{10} 浓度下降速度明显比在晴天和阴天快(图 5.19)。此外,由于 SO_2 和 NO_2 的具有可溶于水的特性,从 SO_2 和 NO_2 浓度的下降趋势看(图 5.20、图 5.21),在湿度大的雾天 SO_2 和 NO_2 浓度下降速度也明显比在晴天和阴天

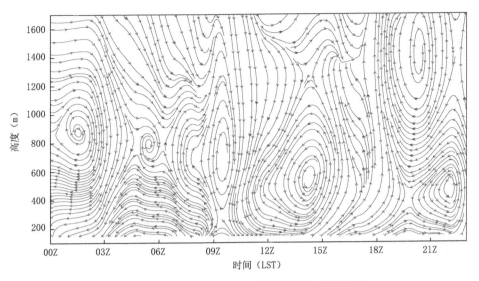

图 5.15　2009 年 11 月 8 日边界层流场时间剖面

MYJ PM$_{10}$浓度

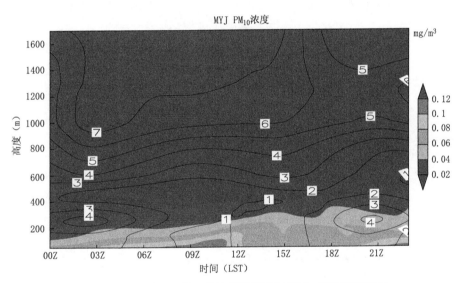

图 5.16　2009 年 11 月 8 日边界层风速与 PM$_{10}$ 浓度时间剖面

快。观测资料显示 07:00—09:00 相对湿度达到 99%,此时段应该是雾最浓时段(最小能见度 300 m)。模拟结果显示 09:00—13:00,400 m 以下低空一直维持着 1 m/s 左右较小风速,地面观测 09:00 风速为 1.9 m/s,明显高于其他时间段,加上 10:00 以后相对湿度下降较快,可以判断 10:00 左右开始雾逐渐消散。但是在 09:00—12:00 整个边界层一直保持下沉气流,大气垂直扩散能力非常弱,在污染排放人为增加的情况下,PM$_{10}$、SO$_2$ 和 NO$_2$ 地面浓度呈现较快上升趋势,在 12:00 前后达到最大值。12:00 以后随着雾的全部消散,太阳辐射作用明显增强,大气边界层出现明显湍流(前面分析的总体理查逊数可以说明),稳定层结被打破,之前的下沉气流转为上升气流,污染物向上垂直扩散能力明显增强,从 PM$_{10}$ 浓度垂直分布图也可以看出(图 5.16),PM$_{10}$ 的垂直扩散高度达到 100～200 m,PM$_{10}$、SO$_2$ 和 NO$_2$ 浓度呈现明显下降趋势。从边界层模拟风场也可以看出,在 14:00 和 16:00 出现较小风速,

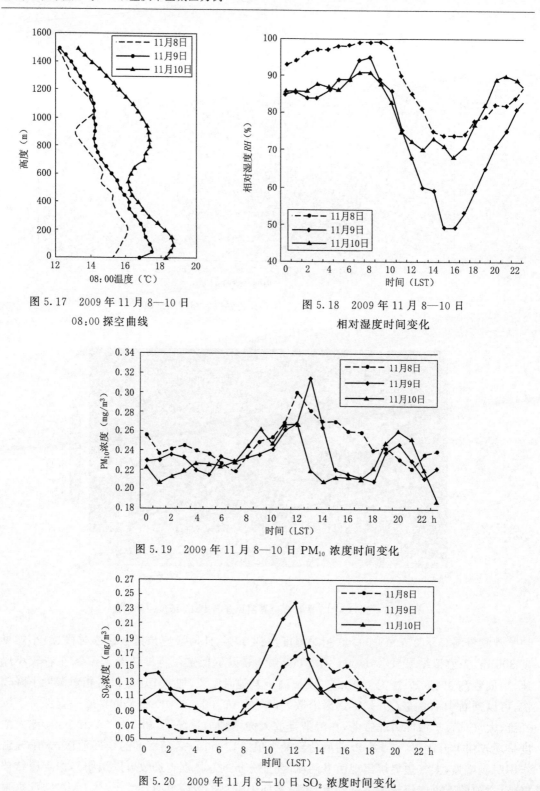

图 5.17　2009 年 11 月 8—10 日
08:00 探空曲线

图 5.18　2009 年 11 月 8—10 日
相对湿度时间变化

图 5.19　2009 年 11 月 8—10 日 PM_{10} 浓度时间变化

图 5.20　2009 年 11 月 8—10 日 SO_2 浓度时间变化

PM_{10} 浓度在 15:00 和 16:00 出现不下降和 SO_2 浓度在 16:00 出现不降反升的现象。17:00 以后随着边界层风速的再次增大，PM_{10} 和 SO_2 浓度继续下降到低值，此外，PM_{10} 浓度垂直

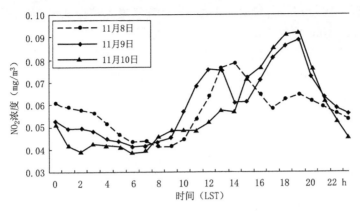

图 5.21　2009 年 11 月 8—10 日 NO_2 浓度时间变化

分布图还可以看出,随着边界层风速增大,风对污染物的水平输送明显强于垂直扩散,因而,在垂直剖面上 PM_{10} 浓度值相对上午要低得多。从 21:00 以后随着边界层风速的明显减弱,大气边界层又回到稳定状态,PM_{10} 和 SO_2 浓度开始缓慢上升。由于 NO_2 主要受汽车尾气排放影响,因而在 18:00—19:00 下班高峰期出现陡增现象。

5.1.5.2　晴天边界层风场对污染浓度的影响机制

从 11 月 9 日边界层流场时间剖面图可以看出(图 5.22),在 00:00—08:00 由于受晴空影响,800 m 以下边界层内都也是受下沉气流控制,风速也比较小(图 5.23),基本维持在 2 m/s 以下,湍流非常弱,这一点与 8 日夜间基本类似,但由于水汽增加较慢,相对湿度仅为 84%～95%,因而并未形成雾。这种相对稳定的大气边界层,对污染物的垂直扩散作用也非常弱,从 PM_{10} 浓度垂直分布图也可以看出 PM_{10} 的高浓度值主要在 50 m 以下近地面,地面 PM_{10} 浓度主要以自然沉降的方式降低,从 PM_{10} 浓度降低的绝对值来看也是小于有雾的情况(有雾时 PM_{10} 浓度降低 0.036 mg/m³,无雾时 PM_{10} 浓度降低 0.014 mg/m³)。08:00 以后,由于没有雾和云层的影响,太阳辐射也明显增强,边界层有湍流发生,稳定层结被打破,之前的下沉气流转为上升气流,污染物向上垂直扩散能力明显增强。由于 08:00 以后人类活动污染排放增加,污染物浓度相应明显增加,模拟显示 09:00—15:00 在 600 m 以下边界层风速仅为 1 m/s,风对污染物的水平输送能力较弱,但由于晴天太阳辐射增强,地面升温快,热对流作用形成上升气流,大气边界层向上垂直扩散能力明显增强,PM_{10} 浓度垂直分布也证实在上升气流作用下 PM_{10} 能够向上扩散到 200～300 m 高空,从而大幅度降低 PM_{10} 地面浓度。与 8 日相比可以发现,在 09:00—10:00 同样是边界层风速比较小,但 8 日为下沉气流,9 日为上升气流,假设在同时间段污染排放差不多,9 日 PM_{10} 浓度增加值要比 8 日 PM_{10} 浓度增加的小 0.02 mg/m³(以 10:00 PM_{10} 浓度值比较)。因此,可以认为较强的上升气流有利于污染物的垂直扩散。由于 12:00—13:00 边界层平均风速降到 2 m/s 左右,尤其在 13:00 还出现下沉气流,污染垂直扩散能力相对减弱,PM_{10}、SO_2 和 NO_2 浓度均呈现快速增加趋势,在 13:00 前后达到浓度最高值。14:00—16:00 日照时数也表明此时日照达到最强,大气垂直扩散条件达到最佳,PM_{10} 浓度从 13:00 的 0.315 mg/m³ 迅速降到 16:00 的 0.216 mg/m³,下降率达到 31.4%,SO_2 浓度从 12:00 的 0.238 mg/m³ 迅速降到 16:00 的 0.106 mg/m³,下降率达到 55.5%,NO_2 浓度从 13:00 的 0.075 mg/m³ 迅速降到 16:00 的 0.062 mg/m³,

下降率为17.3%。16:00以后,随着日照减弱,上升气流也相应减弱,大气垂直扩散能力也明显减弱,尽管在18:00出现3 m/s以上的较大风速,PM_{10}和SO_2浓度的下降率也相应减小,在18:00前后降到最低值,之后由于,边界层风场由上升气流逐渐转为下沉气流,污染物又呈现上升趋势。相应由于NO_2主要受汽车尾气排放影响,因而在18:00—19:00下班高峰期出现陡增现象。

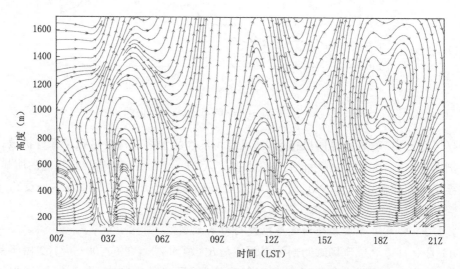

图5.22　2009年11月9日边界层流场时间剖面

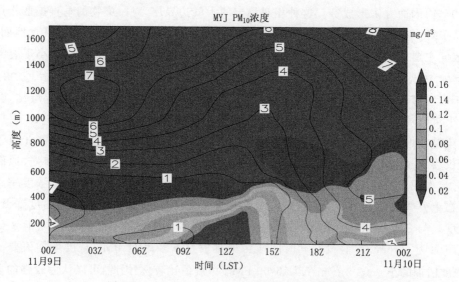

图5.23　2009年11月9日边界层风速时间剖面

5.1.5.3　阴天边界层风场对污染浓度的影响机制

从11月10日边界层流场时间剖面图可以看出(图5.24),在00:00—07:00由于受云层影响,在500 m左右形成稳定边界层,500 m以下边界层内风速基本维持在2~4 m/s(图5.25),几乎没有湍流发生,PM_{10}浓度垂直分布也表现出相对稳定状态,直至扩散高度在50 m左右,地面浓度变化趋势不大。08:00以后,由于边界层500 m以上风速呈逐渐增大

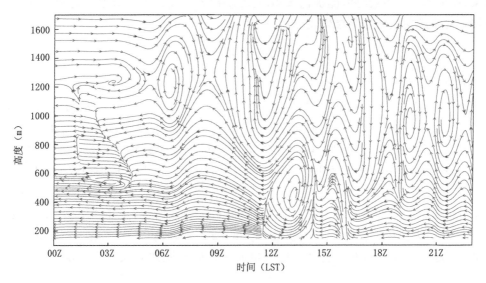

图 5.24　2009 年 11 月 10 日边界层流场时间剖面

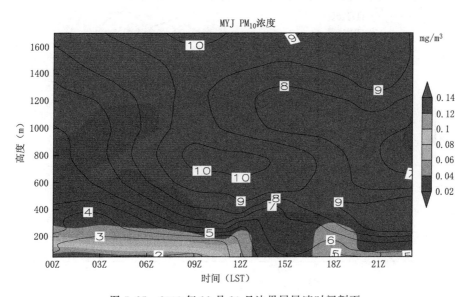

图 5.25　2009 年 11 月 10 日边界层风速时间剖面

趋势,尤其在 09:00—13:00 800 m 上空出现 10m/s 左右的风速中心,且为上升气流,这种强烈的抽吸作用使得大气垂直扩散能力得到显著增强,三种污染物浓度在此时间段增长趋势得到抑制,污染物浓度的增长趋势明显减弱。PM_{10} 在 12:00—13:00 达到峰值时的浓度值也明显比 8 日和 9 日低得多,仅为 0.268 mg/m^3。13:00—17:00 近地层风速也进一步增到 5~6 m/s,地面大气对污染物水平输送能力也明显增强,PM_{10} 浓度也得到持续下降。18:00 以后,由于 300 m 以下近地面垂直扩散能力明显减弱,主要转为水平输送,但由于重庆主城区特殊的盆地地形特征,水平扩散很难将污染物向外输送,在污染排放并未减少的情况下, PM_{10} 浓度在 18:00—20:00 出现上升趋势。此外,由于模拟的 10 日午后到夜间风速存在偏大现象,使得模拟的污染物浓度提前 8 小时出现降低,与实况观测存在一定的差异,同时反映出模式对重庆主城区边界层风场模拟的不足。

5.1.6 污染向非污染演变边界层气象条件分析

在选取的 2009 年 11 月 8—11 日连续污染天气过程中,8—10 日为轻度污染,11 日污染浓度明显下降,中断了污染天气过程。再从 10 日和 11 日地面 24 h 逐时气温变化曲线可以看出,无论是在夜间还是白天,气温的变化趋势是基本一致(图 5.26),并没有明显的冷空气进入主城区。虽然同样是在阴天背景下,但污染物浓度变化趋势却相差很大(图 5.27),从 10 日夜间开始三种污染物浓度开始明显下降,PM_{10}、SO_2 和 NO_2 日平均浓度分别从 10 日的 0.229 mg/m³、0.102 mg/m³、0.055 mg/m³ 降到 11 日的 0.063 mg/m³、0.051 mg/m³、0.026 mg/m³。从个例中三种污染物浓度陡然降低的时间段看,主要集中在 10 日 21:00—11 日 08:00,PM_{10} 浓度在 12 h 之内由 0.252 mg/m³ 下降到 0.032 mg/m³,空气质量由轻度污染转为优了。因此,下面主要讨论污染向非污染演变期间大气边界层气象条件变化特征。

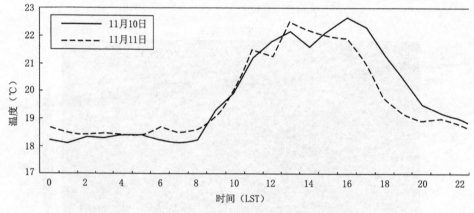

图 5.26　2009 年 11 月 10—11 日地面逐时温度变化

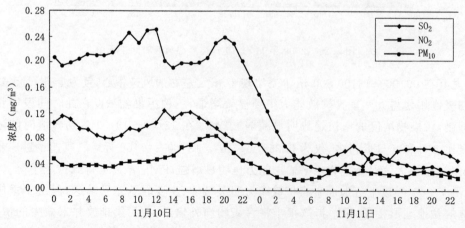

图 5.27　2009 年 11 月 10—11 日 PM_{10}、SO_2 和 NO_2 浓度时间变化

5.1.6.1　相同天气背景下边界层高度对污染扩散影响对比分析

从重庆主城区地形高度看,周边山顶平均高出主城区 200～300 m,一般来说,只有当 PBLH 超过 300 m 以上时,地面的污染物可以有条件垂直扩散到山顶以上,并向外输送。前面的研究表明,在污染期间,夜间 PBLH 一般都不会超过 300 m,这也正是城区内的污染物夜间不利于向外扩散的主要原因。从模拟的边界层高度可以看出(图 5.28),10 日 20:00—11 日 08:00 PBLH 基本都维持在 350～500 m,而 8—10 日 20:00—08:00 PBLH 平均值仅为 150～250 m,因此可以认为,在 10 日 20:00—11 日 08:00,由于 PBLH 超过了 350 m,大气边界层条件有利于污染物的垂直扩散至山顶之上并向城区外输送,从而使污染物浓度在夜间出现大幅度下降。表明在同样是阴天的背景下,PBLH 越高越有利于污染物扩散,也正是由于 10 日夜间 PBLH 比 9 日夜间高许多,更有利于污染物扩散,因而污染物浓度下降速度快。

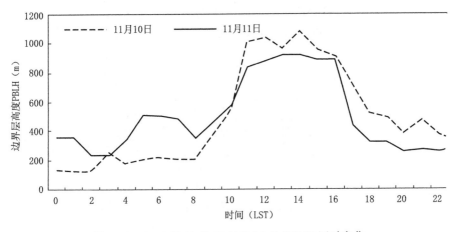

图 5.28　2009 年 11 月 10 日和 11 日 PBLH 逐时变化

5.1.6.2　相同天气背景下风场对污染扩散影响对比分析

前面的研究同样表明,风是影响污染扩散的重要因素,一般来说风速越大越有利于污染物水平输送,污染物浓度相对也越低。为了对比分析 9 日 21:00—10 日 08:00 和 10 日 21:00—11 日 08:00 主城区内高低空风场变化情况,分别绘制了风速剖面和风场矢量剖面图,其中风速为 106.46°E,29.58°N 时间剖面图,流场为选取 29.58°N 的经向剖面图(其中 106.4°～106.6°E 为两山之间的主城区),以 21:00、02:00 和 05:00 的代表夜间的风场变化。

从 9 日 21:00—10 日 05:00 风场矢量剖面图可以较为清楚地看到,9 日 21:00(图 5.29a)重庆主城内海拔 600 m 以下低空主要以下沉气流为主,平均风速在 2～4 m/s,在山顶上空海拔 600～800 m 的形成上升气流和下沉气流交换过渡带稳定偏东气流,1000 m 以上的上升气流也不强,平均风速为 4～6 m/s,这种相对稳定的状态在 10 日 02:00 逐渐被打破(图 5.29b),但是在城区低空内仍然维持弱的下沉气流;10 日 05:00(图 5.29c)600 m 以上的风速曾明显增大趋势,在 600 m 以下的城区内风场有由下沉气流向上升气流转换的趋势,但是从风速看却是很小,仅为 2～3 m/s(图 5.30)。在 9 日 21:00—10 日 05:00 期间风场变化情况是不利于污染物扩散的,因而在 9 日夜间到 10 日凌晨期间污染物能够维持较高浓度。

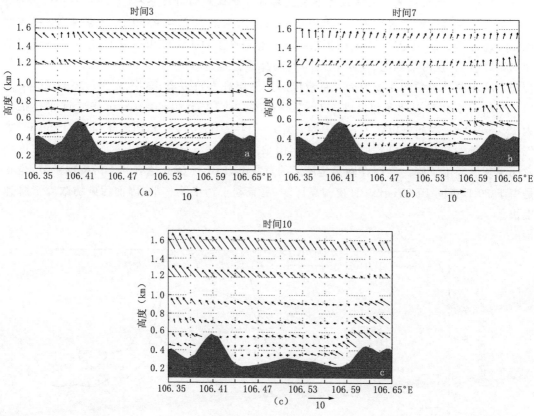

图 5.29　2009 年 11 月 9 日 21:00(a)、10 日 02:00(b)和 10 日 05:00(c)
风场矢量剖面图(单位:m/s)

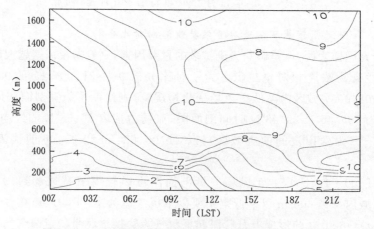

图 5.30　2009 年 11 月 10 日逐时风速剖面图(单位:m/s)

　　但从 10 日 21:00—11 日 05:00 与 9 日 21:00—10 日 05:00 风场矢量剖面图对比可以看出高低空风场存在较大的变化。在 10 日 21:00 风场矢量剖面图上(图 5.31a),海拔 600 m以下主城区内主要以偏东气流为主,平均风速为 6~8 m/s,最大风速中心达到了 10 m/s,600 m 以上高空维持 8~10 m/s 的较大风速区(图 5.30),主要为上升气流;到 11 日 02:00

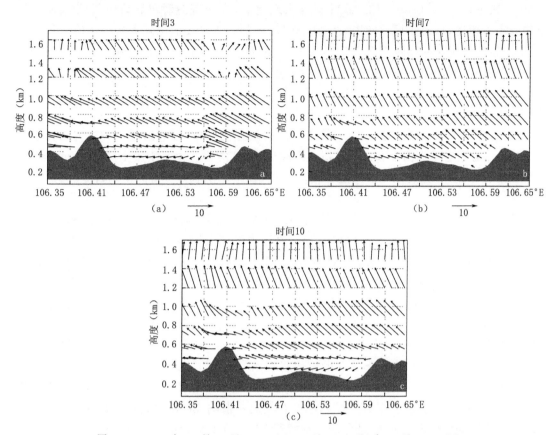

图 5.31　2009 年 11 月 10 日 21:00(a)、11 日 02:00(b)和 11 日 05:00(c)
风场矢量剖面图(单位:m/s)

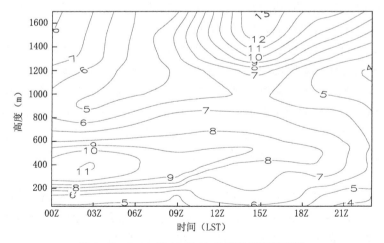

图 5.32　2009 年 11 月 11 日逐时风速剖面图

(图 5.31b)城区内由地面向高空已转为一致的上升气流,在 11 日 05:00(图 5.31c)也基本维持这一风场结构,结合风速时间剖面图(图 5.32),在 11 日 00:00 到 08:00 主城区上空基本维持较大风速,200 m 以下风速基本维持 4～6 m/s,200 m 以上风速维持在 6～10 m/s 的较大风速,其中在 11 日 03:00 还出现 11 m/s 大风速中心。正是这种风场结构,非常有利于污染物的水平输送,从而使得污染物浓度在 10 日夜间到 11 日凌晨出现大幅度下降。因此可以认为,较大的风速并配合上升气流和较强的湍流,使得污染物向上扩散能力呈现显著增强,从而使得地面污染物浓度在夜间出现大幅度下降。

小结

(1)WRF-Chem 对重庆主城区大气边界层有较好的模拟效果,通过两种边界层方案的对比,MYJ 方案对地面温度和风场模拟效果优于 YSU 方案。由于重庆主城区下垫面复杂,模拟温度存在偏高现象,尤其白天温度偏高明显,在重庆主城区多静风的情况下,白天风速相对偏大。

(2)WRF-Chem 中两种边界层方案 YSU 和 MYJ 均基本能模拟出重庆主城区 PM_{10}、SO_2 和 NO_2 的日变化趋势,只是模拟的浓度值比观测值偏低,其中对气态污染物的模拟效果优于颗粒污染物。此外,相关性分析表明 MYJ 方案对污染物浓度模拟略优于 YSU 方案。

(3)数值模拟结果表明,边界层高度(PBLH)能显著影响污染物浓度,通过计算 08:00—17:00 PBLH 与 PM_{10} 的相关系数显示,PBLH 与 1～3 h 后 PM_{10} 浓度负相关较好,表明白天 PBLH 明显增大 1～3 h 后 PM_{10} 浓度才明显降低。在雾天和阴天,PBLH 升高后 2～3 h PM_{10} 浓度才有明显下降,而在晴天 PBLH 升高后 1～2 h PM_{10} 浓度就会明显下降。PM_{10} 浓度的变化滞后 PBLH 变化 1～3 h 的原因可以解释为大气边界层气象条件变化后,PM_{10}(或其他污染物)在大气扩散作用下才逐步发生变化,是一个缓慢的渐变过程,存在滞后效应,因而大气边界层气象条件变化速度越快,污染物扩散响应时间也越短。通过 PBLH 变化对 PM_{10} 浓度变化的影响分析,能够较好地解释 PM_{10} 日变化特征。因此在业务中可以通过预报 PBLH 值大体计算 PM_{10} 浓度的逐时变化态势,可为开展污染浓度预报提供一定的科技支持。

(4)数值模拟结果还表明,边界层风场对污染物浓度变化有很好的指示意义。在夜间,重庆主城区主要受下沉气流影响,对污染物的向上垂直扩散作用非常弱。在上午,污染排放增加的情况下,当出现下沉气流时污染物的向上垂直扩散作用弱,污染物浓度会快速增加,相反当出现上升气流时污染物的向上垂直扩散能力增强,污染物浓度的增加速度会减慢,尤其在高空风速大且为强上升气流时,强烈的抽吸作用使得大气垂直扩散能力得到显著增强,能有效地抑制污染物浓度的增长态势。通常到午后,由于太阳辐射强烈,边界层内主要以较强的上升气流为主,大气边界层垂直扩散能力最强,因而污染物浓度呈现明显下降态势,并达到一日中污染浓度的谷值点。通过数值模拟较好地解释了重庆主城区污染物的日变化趋势。

(5)污染向非污染转换时,大气边界层会呈现明显的变化。大气边界层的风速会明显增强且为上升气流,边界层高度会明显增高,湍流动能明显增强,在大气的水平扩散能力和垂直扩散能力都增强的情况下大气污染物浓度会得到明显降低。

5.2 典型霾天气个例模拟

典型霾天气个例模拟选择 WRF/CMAQ 模式。WRF 数值模拟背景场采用 0.5°×0.5°

的 GFS 预报场,WRF 输出气象场水平分辨率为 3 km。CMAQ 模式中污染排放源有自然排放源和人为排放源。模式中自然源排放采用全球自然源排放模式 MEGAN 计算。人为源排放采用清华大学研制的中国多尺度排放清单模型(MEIC)2010 年中国的排放清单(http://www. meicmodel. org/)。由于重庆政府调整能源结构、强化污染防控,大力减少污染物排放,实际源排放变化非常快,而模式所用的排放源清单的更新远远赶不上实际的变化,因此模式中使用到的 2010 年排放源清单与实际的排放源有一定的差异,这势必影响了CMAQ 模式预报精确度,由于缺乏必要的污染排放源实况资料,通过采取技术订正的方法对人为源排放清单进行主观订正。

典型霾天气个例为 2014 年 12 月 19—21 日的一次连续污染天气过程,也是严重的雾、霾天气过程,其中 19 日凌晨为强浓雾天气,雾出现于 08:00,消散于 11:00,持续时间为 3 h,最小能见度 104 m,雾消散之后转为轻度霾天气;20 日早上 07:00 出现大雾,消散于 09:00,之后转为中度霾天天气;21 日未出现雾,为中度到重度霾天气。通过对本个例的模拟,侧重分析局地气象条件对重庆主城区雾和霾的影响机制,书中涉及的大气主要污染物为 $PM_{2.5}$。

5.2.1　模拟效果检验

对气象场的模拟检验主要选取了地面气温要素,对污染物浓度检验主要选取 $PM_{2.5}$。检验所用气象资料为主城区沙坪坝气象观测站 2014 年 12 月 19—21 日逐时气温,污染资料为主城区高家花园、杨家坪两个观测站的 $PM_{2.5}$ 逐日浓度资料。

从 12 月 19 日 00:00—21 日 23:00 地面逐时温度模拟可以看出(图 5.33),模式能够较好地模拟出温度的日变化趋势,但模式模拟温度较实况偏高。19 日温度日变化趋势基本一致,模拟温度比实况温度高 2 ℃ 左右;20 日温度模拟效果相对较差,模拟气温明显偏高;21 日模拟温度与实况温度基本一致,误差较小。总体上,模拟结果基本上能够反映出了天气的变化趋势,因此,气象模式的模拟结果是可信的,可以为 CMAQ 大气化学模式提供气象背

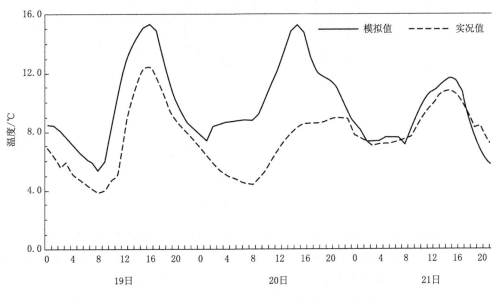

图 5.33　2014 年 12 月 19—21 日地面温度模拟与实况对比

景场。

通过对高家花园、杨家坪两个代表点,来检验模式对的模拟能力,从两个点 PM$_{2.5}$ 浓度模拟结果和实况对比可以看出(图 5.34、图 5.35),模式基本能够模拟出 PM$_{2.5}$ 的日变化特征,总体情况是模拟值高于实况观测值。

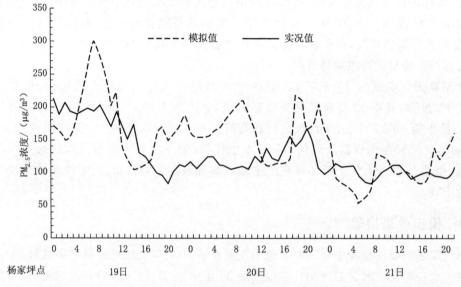

图 5.34　2014 年 12 月 19—21 日高家花园站 PM$_{2.5}$ 逐时浓度模拟与实况对比

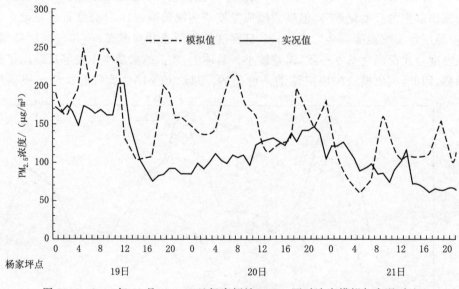

图 5.35　2014 年 12 月 19—21 日杨家坪站 PM$_{2.5}$ 逐时浓度模拟与实况对比

表 5.3 为 CMAQ 对 PM$_{2.5}$ 浓度模拟的相关统计量,反映了模式的模拟偏差,其中 MB 为平均偏差,ME 为平均误差,$RMSE$ 为平均平方根误差,MNB 为平均正态偏差,NMB 为正态平均偏差,各统计量的计算方法如公式(5.1)~(5.5)所示。由统计结果可见,模式对 PM$_{2.5}$ 浓度的模拟偏高,但总体上模拟值与观测值的偏差不大,说明模拟结果是可信的。

$$MB = \frac{1}{n}\sum_{i=1}^{n}\big[Sim(i) - Obs(i)\big] \tag{5.1}$$

$$ME = \frac{1}{n}\sum_{i=1}^{n}\big|Sim(i) - Obs(i)\big| \tag{5.2}$$

$$RMSE = \left\{\frac{1}{n}\sum_{i=1}^{n}\big[Sim(i) - Obs(i)\big]^2\right\}^{1/2} \tag{5.3}$$

$$MNB = \frac{1}{n}\sum_{i=1}^{n}\left[\frac{Sim(i) - Obs(i)}{Obs(i)}\right] \tag{5.4}$$

$$NMB = \frac{\displaystyle\sum_{i=1}^{n}\big[Sim(i) - Obs(i)\big]}{\displaystyle\sum_{i=1}^{n}Obs(i)} \tag{5.5}$$

表 5.3　CMAQ 模式对高家花园站 $PM_{2.5}$ 浓度的模拟偏差

统计量	MB	ME	$RMSE$	MNB	NMB
$PM_{2.5}$ 浓度	22	41	49	19%	17%

5.2.2　雾、霾天气形成机制分析

从前面的研究可知,雾、霾天气的形成与气象条件和 $PM_{2.5}$ 浓度有着直接的联系,下面采用数值模拟结果结合实况观测资料来详细分析本次雾、霾天气个例的形成机制。

5.2.2.1　雾的形成机制

从天气形势上看,12 月 18 日 08:00,500 hPa 中高纬地区河西走廊低槽东移(图 5.36),引导弱冷空气影响我国北方地区,重庆地区受南支槽前西南气流影响,中低层相对湿度增加,但冷空气位置偏北,没有影响四川盆地,700 hPa 和 850 hPa 没有明显辐合系统,抬升运

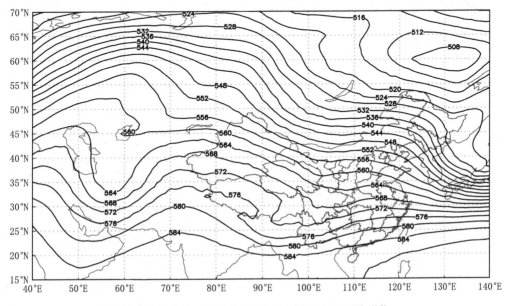

图 5.36　2014 年 12 月 18 日 08 时 500 hPa 环流形势

动不明显,重庆主城区以阴天为主,地面受均压场控制(图5.37),等压线稀疏,近地层风速较小,不利于大气污染物扩散沉降,容易造成气溶胶粒子的累积。19日08:00,500 hPa乌拉尔山高压脊加强发展(图5.38),影响北方地区的低槽与低纬南支槽合并,前一轮冷空气影响结束,东亚大槽重建,我国大部地区受脊前西北气流影响;重庆地区高层受西北气流影响,700 hPa和850 hPa为反气旋环流(图5.39),下沉运动增强。

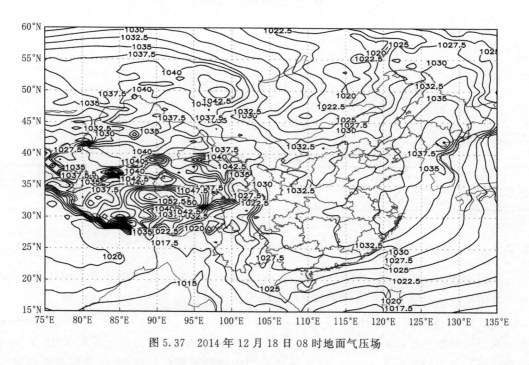

图5.37　2014年12月18日08时地面气压场

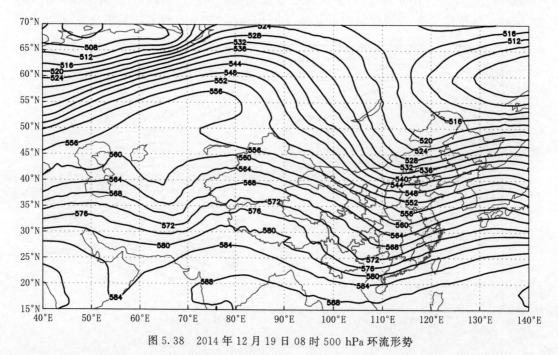

图5.38　2014年12月19日08时500 hPa环流形势

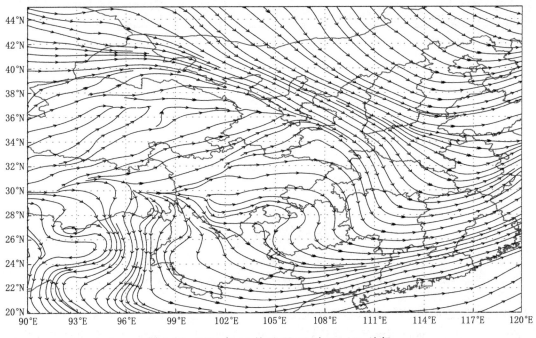

图 5.39　2014 年 12 月 19 日 08 时 700 hPa 流场

从风场剖面可以看出(图 5.40),19 日 00:00—12:00 城区上空 1000 m 以下的风速低于 2 m/s,整个边界层处于静稳状态。从地面逐时气温、相对湿度、能见度和 PM$_{2.5}$ 浓度变化情况看(图 5.41),由于夜间晴空少云,辐射降温明显,气温从 00:00 的 6.9 ℃ 降到 08:00 的 3.9 ℃,降幅为 3 ℃,随着温度的降低,大气中的水汽逐渐凝结,相对湿度上升明显,相对湿度逐渐由 00:00 的 82% 上升到 06:00 的 94%,此时能见度从 3500 m 左右降至 1940 m,07:00 相对湿度上升到 95%,此时的能见度为 1323 m,接近雾的临界值。08:00 随着相对湿度的进一步上升达到 97%,能见度降到 113 m,09:00 相对湿度达到 98%,能见度降低最低值 104 m,大雾全面形成,持续时间为 3 h。08:00—11:00 相对湿度一直稳定维持在 98% 左右,

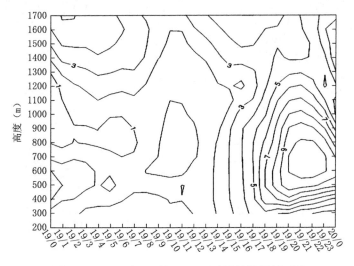

图 5.40　2014 年 12 月 19 日逐时风场模拟剖面图

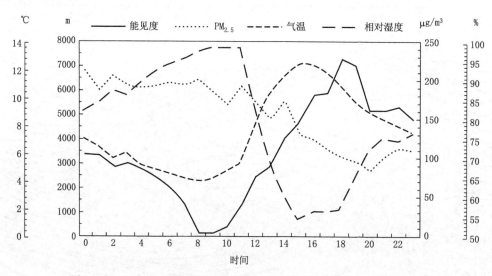

图 5.41 2014 年 12 月 19 日逐时气温、相对湿度、能见度和 $PM_{2.5}$ 浓度

12:00 相对湿度迅速降到 83%,边界层也出现明显增大,风速达到 3～10 m/s,大气边界层扩散条件好转,$PM_{2.5}$ 浓度逐渐呈下降趋势,随着相对湿度和 $PM_{2.5}$ 浓度的降低,此时能见度值迅速上升到 2500 m 左右,大雾天气过程基本结束。

从天气形势图上看(图 5.42),20 日 08:00,500 hPa 乌拉尔山高脊逐渐东移、发展强盛,蒙古国境内横槽加深,引导冷空气东移南下,重庆高层仍受偏北气流控制,地面等压线稀疏(图 5.43),风力小,有利于雾的形成。

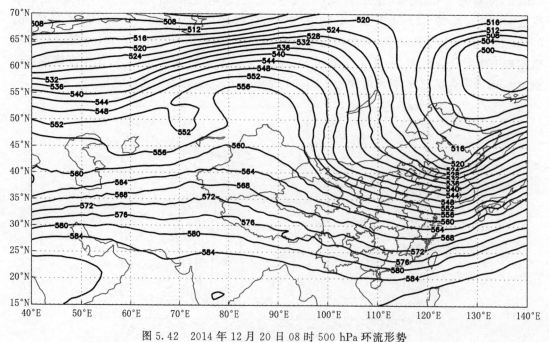

图 5.42 2014 年 12 月 20 日 08 时 500 hPa 环流形势

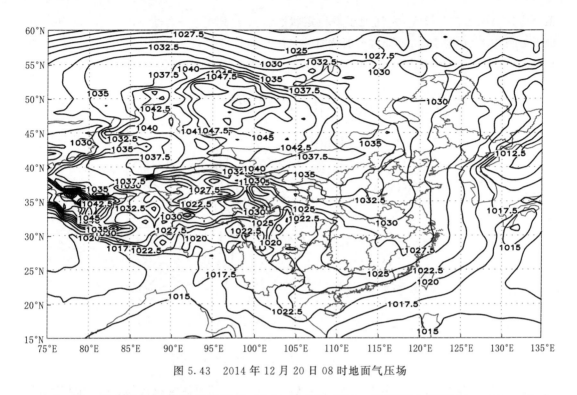

图 5.43　2014 年 12 月 20 日 08 时地面气压场

由于 19 日白天大气扩散条件较好,到 20 日夜间,PM$_{2.5}$ 浓度基本降到 100~130 $\mu g/m^3$,比 19 日夜间低很多。同样,从 20 日地面逐时气温、相对湿度、能见度和 PM$_{2.5}$ 浓度变化情况看(图 5.44),20 日 00:00 开始气温逐渐下降,气温从 00:00 的 6.9 ℃ 降到 08:00 的 4.4 ℃,降幅为 2.5 ℃,水汽开始上升明显,相对湿度逐渐由 00:00 的 82% 上升到 03:00 的 94%,此时能见度从 4200 m 左右降至 2135 m,尽管 04:00—05:00 相对湿度上升到 96%,但从风场剖面可以看出(图 5.45),20 日 00:00—12:00 城区上空 1000 m 以下的风速为 3~7 m/s,

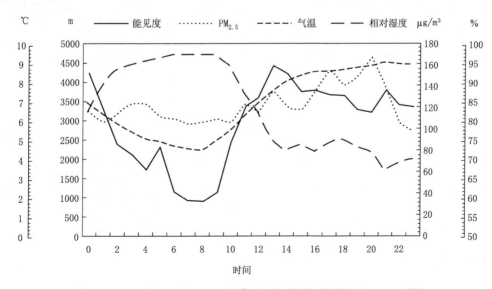

图 5.44　2014 年 12 月 20 日逐时气温、相对湿度、能见度和 PM$_{2.5}$ 浓度

整个边界层风速相对较大,大气处于不稳定状态。由于 $PM_{2.5}$ 浓度为 $110\sim124\ \mu g/m^3$,远低于 19 日 07:00 的 $194\ \mu g/m^3$,因而此时并未出现能见度接近 1000 m 的大雾,直到 06:00 相对湿度达到 97% 时才出现能见度低于 1000 m 的大雾,持续时间为 2 h。

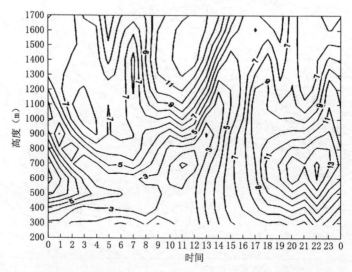

图 5.45　2014 年 12 月 20 日逐时风场模拟剖面图

由于 20 日夜间,冷空气南下进入四川盆地,500 hPa 高原波动槽过境,700 hPa 冷暖气流交汇形成切变线位于重庆地区长江沿线,850 hPa 东南气流增强,21 日 08:00,500 hPa 蒙古国境内横槽转竖(图 5.46),冷空气扩散南下,我国大部地区受槽后西北气流影响,重庆地区 500 hPa 为西偏北气流影响,700 hPa 切变线东移南压减弱,移出重庆,重庆受反气旋环流控制,850 hPa 为偏东冷空气回流影响,地面冷空气渗入四川盆地(图 5.47),影响重庆大部

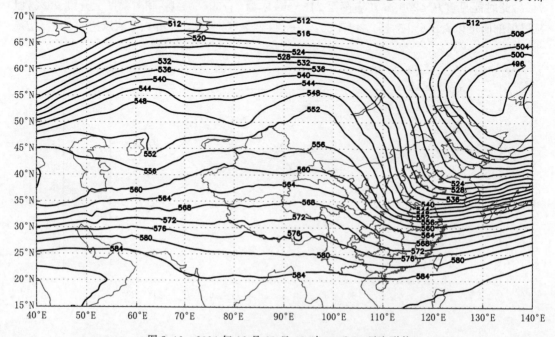

图 5.46　2014 年 12 月 21 日 08 时 500 hPa 环流形势

地区,等压线加密,气压梯度加大,近地面风速增大,对重庆主城区大气污染物的扩散稀疏较为有利。从 21 日地面逐时气温、相对湿度、能见度和 $PM_{2.5}$ 浓度变化情况看(图 5.48),在 21 日 00:00 相对湿度已达到 85%,00:00—09:00 温差仅为 0.7 ℃,相对湿度在 85%~95%,城区 1000 m 以下边界层风速为 5~12 m/s(图 5.49),能见度基本维持在 1000~2000 m,为轻雾天气。

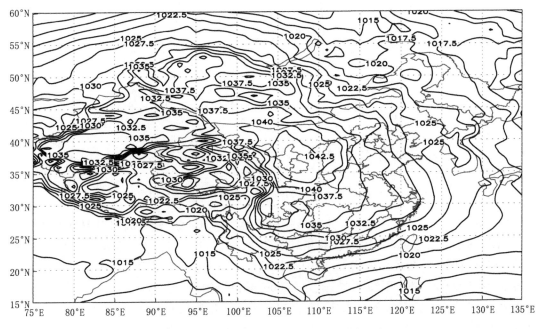

图 5.47　2014 年 12 月 21 日 08 时地面气压场

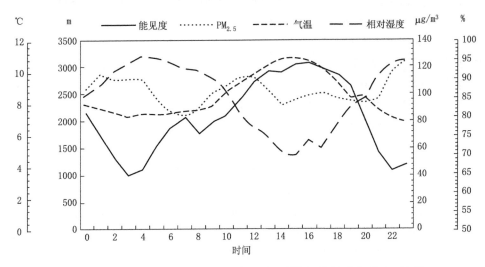

图 5.48　2014 年 12 月 21 日逐时气温、相对湿度、能见度和 $PM_{2.5}$ 浓度

通过对比 19 日和 20 日凌晨雾出现的情况,可以看出在同样时间内(00:00—08:00),19

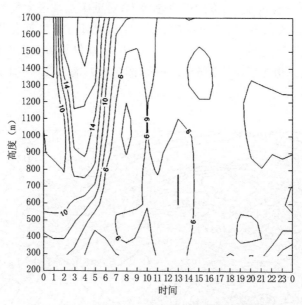

图 5.49　2014 年 12 月 21 日逐时风场模拟剖面图

日凌晨降温幅度为 3 ℃,高于 20 日凌晨降温幅度 2.5 ℃,20 日凌晨相对湿度最大值才
97%,水汽并未完全饱和,而 19 日凌晨相对湿度最大值达到 98%,水汽基本达到饱和状态,
且持续较长时间。从边界层风场看,19 日凌晨城区上空 1000 m 以下的风速低于 2 m/s,整
个边界层处于静稳状态,而 20 日城区上空 1000 m 以下的风速为 3～7 m/s,边界层风速相
对较大,大气处于不稳定状态。此外,19 日凌晨 PM$_{2.5}$ 浓度维持在 190～200 $\mu g/m^3$,而 20
日凌晨 PM$_{2.5}$ 浓度维持在 105～110 $\mu g/m^3$。综合以上三个方面的因素,可以简单总结雾的
形成机制为:在高空反气旋环流和地面均压场大气环流背景下,容易形成静稳大气边界层,
凌晨降温幅度越大,水汽越容易凝结达到饱和,相对湿度越大,作为水汽凝结核的 PM$_{2.5}$ 浓
度值越高,越有利于雾的形成,能见度值越低。

5.2.2.2　霾的形成机制

从前面雾的形成机制分析可知,2014 年 12 月 19 日和 20 日雾的形成时间主要在凌晨到
早上,随着早上温度的上升,相对湿度的降低,雾就会逐渐消散,雾天逐渐向霾天气转化。因
此,可以看出城区里的雾和霾天气并不是相对独立的天气现象,雾中有霾,雾天能向霾天转
化,通常由于白天到前半夜相对湿度较低(本书低于 85%),当能见度达到一定限值(本书大
于 1 km 小于 8.5 km)时人为定义为霾天气。

从前面的研究结果,能见度、相对湿度和 PM$_{2.5}$ 浓度是判别霾的基本要素。从 12 月
19—21 日能见度、相对湿度和 PM$_{2.5}$ 浓度逐时变化趋势(图 5.50)可以看出,在 19 日 00:00
以前为 PM$_{2.5}$ 浓度超过 200 $\mu g/m^3$ 能见度在 3000 m 左右,为典型的中度霾天气,从 00:00
开始随着在晴空辐射作用下,气温逐渐下降,水汽上升明显,相对湿度逐渐由 00:00 的 82%
上升到 06:00 的 94%,此时能见度从 3500 m 左右降至 1940 m,07:00 逐步开始形成了大雾
天气,08:00—11:00 相对湿度一直稳定维持在 98% 左右。从 11:00 开始相对湿度开始下
降,12:00 迅速降到 83%,能见度也迅速上升到 2500 m,此时雾天向中度霾天气转化。之
后随着相对湿度的继续降低,大气扩散条件的转好,PM$_{2.5}$ 浓度呈明显下降趋势,能见度

值迅速增加,在 18:00 前后 $PM_{2.5}$ 浓度($100\ \mu g/m^3$)和相对湿度(57%)都接近当天的谷值,能见度达到当天的峰值 7200 m 左右,中度霾转化为轻度霾天气。由此可看出,在 19 日白天就是经历一次雾天向中度霾天气转化,再向轻度霾天气转化的典型霾天气过程。在 20 日白天,从 09:00 开始雾逐渐消散后,转化为中度霾天气,尽管 20 日白天 $PM_{2.5}$ 浓度比 19 日低,由于 20 日白天高湿度天气持续时间较长,相对于 19 日白天相对湿度要大、能见度低,霾天气更重一些。同样,由于 21 日凌晨出现弱降水,在降水的作用下,尽管 $PM_{2.5}$ 被少量冲洗掉,但由于白天相对湿度大,$PM_{2.5}$ 的吸湿性作用,从而形成更严重的霾天气。

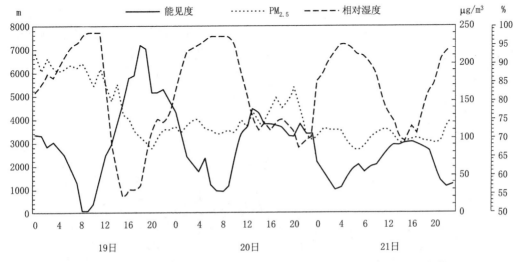

图 5.50　2014 年 12 月 19—21 日逐时能见度、相对湿度与 $PM_{2.5}$ 浓度变化

从前面的个例模拟中可知,白天边界层高度(PBLH)与 $1\sim3\ h$ 后 PM_{10} 浓度负相关较好,因而 PBLH 对 PM_{10} 浓度的影响具有 $1\sim3\ h$ 延时作用。同样,在本个例模拟的边界层高度变化可以看出(图 5.51),19 日白天边界层高度在 $200\sim900\ m$,20 日和 21 日白天边界层

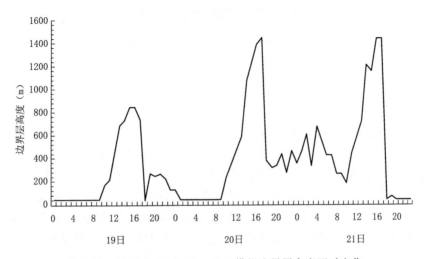

图 5.51　2014 年 12 月 19—21 日模拟边界层高度逐时变化

高度在 200～1500 m,结合边界层风场(图 5.40、图 5.45、图 5.49),对比 3 d 的边界层高度和风场可以认为,20 日和 21 日白天大气的垂直扩散能力要好于 19 日白天,因而可以较好地解释 20 日和 21 日的 $PM_{2.5}$ 浓度明显低于 19 日的现象。

由于 20 日和 21 日白天边界层高度高及边界层风速较大,大气的垂直扩散能力明显好于 19 日白天,因而 $PM_{2.5}$ 的浓度也相对较低。但是,在能见度实况观测上,20 日和 21 日白天的能见度明显低于 19 日白天,可以认为 20 日和 21 日白天的霾天气较 19 日更严重一些。因此,可以看出 $PM_{2.5}$ 浓度并不是影响能见度的主要因素。从 19—21 日逐时能见度与相对湿度变化看(图 5.52),能见度与相对湿度存在较好的负相关关系,在白天当相对湿度降低到 60% 以下时,能见度会迅速上升到峰值(在凌晨当相对湿度升到峰值时,能见度降低到谷值,在前面雾的形成机制中已讨论)。对比 19—21 日白天能见度出现峰值时对应 $PM_{2.5}$ 浓度及相对湿度可以看出(表 5.4),在 $PM_{2.5}$ 浓度差不多的情况下,相对湿度越大能见度越低。同时,统计还发现,当相对湿度超过 70% 时 $PM_{2.5}$ 浓度的变化对能见度的影响效果明显减弱。

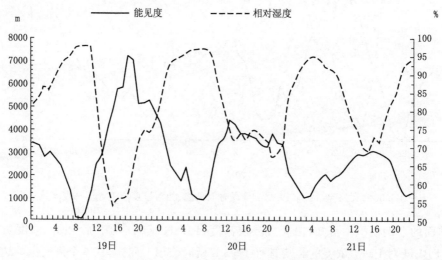

图 5.52　2014 年 12 月 19—21 日逐时能见度与相对湿度变化

表 5.4　能见度峰值时对应 $PM_{2.5}$ 浓度及相对湿度

	19 日 18:00	20 日 14:00	21 日 16:00
$PM_{2.5}$ 浓度($\mu g/m^3$)	100	121	99
相对湿度(%)	57	72	73
能见度(m)	7232	4232	3070

综合前面的分析,可以简单总结霾的形成机制为:在高空反气旋环流和地面均压场大气环流背景下,在近地面大气层持续出现气压场较均匀、静风或风速较小的静稳天气,不利于大气污染物的水平扩散和向上扩散,导致污染物的停留,不能及时排放出去,并容易在城区内积累高浓度污染,从而形成霾天气。相对湿度越大,$PM_{2.5}$ 浓度越高,能造成更低的能见度,因而霾天气越严重。在一天中,$PM_{2.5}$ 浓度和相对湿度的谷值,对于能见度来说就是峰值。高湿度持续时间越长,低能见度持续时间越长,高相对湿度时能见度的变化对 $PM_{2.5}$ 浓度的变化依赖性降低。

第6章 重庆主城区空气污染
气象条件预报方法初探

空气污染是指由于人为或自然的因素,使大气组成的成分、结构或状态发生变化,与原本情况比,增加了有害物质(称之为空气污染物),使环境空气质量恶化,扰乱并破坏了人类的正常生活环境和生态系统,从而构成空气污染。空气污染与气象条件和空气污染物有着密切的联系,空气污染预报内容主要包括空气污染气象条件预报(或称污染潜势预报)和空气污染物浓度预报,作为气象部门重点关注的是空气污染气象条件预报。当前,空气污染气象条件预报的主要方法有统计预报和数值模式预报两种。近年来,重庆市气象局在空气污染气象条件预报方面也有一些初步探索和实践,下面简要介绍一下重庆开展的城市空气污染气象条件预报方法。

6.1 空气污染数值模式预报方法

数值预报是用数值计算方法直接求解物质守恒方程,或者求解在各种近似条件下简化形式的物质守恒方程,以求得污染物浓度的分布。为了定量描述大气中污染物浓度分布及其变化趋势,需要掌握污染物在大气中的演变规律,也就是要了解污染物在空气中所经历的理化生物过程。描述这些过程的数学方程系统称为模式。模式可以是 Lagrange 型、Euler 型或混合模型。代表性的模式有烟羽模式、烟团模式、箱模式和其他数值模式。

随着计算机的快速发展和大气科学、大气化学理论的不断完善,近代以来,国内外研制了众多的气象预报预测、空气质量、大气污染扩散等数值模式。20 世纪 70 年代开始,美国环保署(USEPA)开发了第一代空气质量模型,包括了基于质量守恒定律的箱式模型、基于湍流扩散统计理论的高斯模型和拉格朗日轨迹模式。第一代空气质量模式由于其简单、方便、计算量小等优点,得到广泛应用。ADMS 是由英国剑桥环境研究公司(CERC)、英国气象局、Surrey 大学联合开发的综合性大气污染预测模型,它是当今运用比较成熟的大气污染预测模型之一。20 世纪 70 年代末至 90 年代初,随着大气化学、云雨物理、干湿沉降等方面的研究进展,空气质量模式发展迅速,加入较为复杂的气象模型和详细的非线性化学反应机制,逐步形成了以欧拉网格模型为主的第二代空气质量模式。20 世纪 90 年代起,美国环保局开始致力于开发第三代空气质量模拟系统 Models-3 模型,不再区分单一的污染问题,提出了"一个大气"的概念,将整个大气作为研究对象,在各个空间尺度上模拟所有大气物理和化学过程。Models-3 由中尺度气象模式、污染源排放模式和多尺度空气质量模式三部分组成,其核心是多尺度空气质量模式 CMAQ,可进行局地、城市、区域和大陆等多种尺度的污染物模拟和预报研究。Models-3/CMAQ 模式区别于前两代模式的最大特点是它可以实现多种污染物、多尺度的大气污染预报。

随着 WRF(Weather Research Forecast)模式系统的不断发展,能为许多污染模型提供较好的气象背景场,比如目前应用比较广泛的 WRF/CMAQ 模式和 WRF-CHEM 模式。WRF/CMAQ 模式包括 WRF 和 CMAQ 两个部分。CMAQ(Community Multiscale Air Quality Model)是美国环保署(USEPA)开发的第三代区域空气质量模式。CMAQ 模式秉承"一个大气(One Atmosphere)"的理念,将对流层大气作为一个整体,使用一套各个模块相容的大气控制方程,对环境大气中的物理、化学过程以及不同物种的相关作用过程进行周密的考虑,适用于光化学烟雾、区域酸沉降、大气颗粒物污染等多尺度多物种的复杂大气环境的模拟,为空气质量预报、区域环境规划以调控提供支持。WRF-CHEM 模式是由美国 NOAA 预报系统实验室(FSL)开发的气象模式(WRF)和化学模式(CHEM)在线完全耦合的新一代的区域空气质量模式。WRF-CHEM 包含了一种全新的大气化学模式理念。就是基于一种气象过程和化学过程同时发生相互耦合的全新的大气化学模式理念而设计的,也就是它的气象模式和化学模式完全耦合、同时运行,它的化学和气象过程使用相同的水平和垂直坐标系,相同的物理参数化方案,不存在时间上的插值,并且能够考虑化学对气象过程的反馈作用,气象因子变化能及时的影响化学过程,化学过程也能立刻对气象过程进行反馈。

6.1.1　重庆市空气质量数值预报系统

2012 年,重庆市气象科学研究所与美国俄克拉何马大学风暴分析和预测中心(CAPS)合作,以 WRF-ARW 模式(Advanced Research Weather Research and Forecasting Model)为基础,联合开发了重庆中尺度数值天气预报系统 CQSSRAFS,该系统以美国 NCEP 的 GFS 全球数值预报为初始场,采用 3 重嵌套,空间分辨率为 27-9-3 km,时间分辨率为 3 h,预报时效为 96 h,每天启动 2 次(00,12UTC)(图 6.1)。

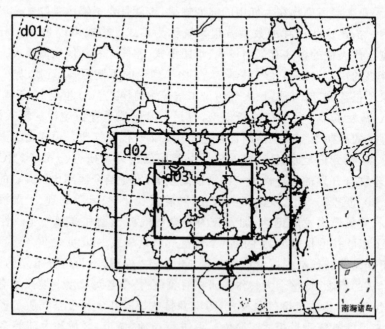

图 6.1　重庆中尺度数值预报区域

2014 年,重庆市气象科学研究所与南京大学大气科学学院合作,针对重庆复杂的下垫面特征,建立了基于 WRF/CMAQ 模式的重庆市空气质量数值预报系统。该系统由重庆中尺度数值天气预报系统 CQSSRAFS 提供气象预报场,然后驱动化学输送模式 CMAQ。

重庆市空气质量预报系统包括气象数据转换接口 MCIP、人为源排放清单、自然源排放模型 MEGAN、排放转换接口 ECIP、空气质量模型和后处理模块 Post 等六个部分。CMAQ模式中水平和垂直输送分别采用 hppm 和 vppm 方案,水平和垂直扩散分别采用 multiscale和 eddy 方案,气相化学机制采用 cb05cl 方案,气溶胶采用 AERO5 方案。AERO5 方案中的气溶胶热力学模型为 ISORROPIA,气溶胶尺度分布采用粗模态和细模态双模态分布、对数正态分布,二次无机气溶胶部分采用 NH_3-H_2SO_4-HNO_3-H_2O 液相和气相化学体系,二次有机气溶胶采用 Pandis 等有机气溶胶产出率的方法。

6.1.2　重庆市空气质量预报系统预报要素

重庆市空气质量数值预报系统每天运行 2 次,能够实现重庆市及周边地区时空分辨率分别为 3 h、3 km,预报时效为 72 h 的空气质量预报,预报要素如表 6.1 所示。

表 6.1　重庆市空气质量预报系统要素预报

变量名	变量说明
SO_2	二氧化硫质量浓度
NO_2	二氧化氮质量浓度
CO	一氧化碳质量浓度
O_3	臭氧质量浓度
NH_3	氨气质量浓度
PM_{10}	10 μm 以下气溶胶粒子质量浓度
$PM_{2.5}$	2.5 μm 以下气溶胶粒子质量浓度
VIS	能见度
O_3_8hr	8 h 平均臭氧质量浓度
AQI_SO_2	SO_2 空气质量指数
AQI_NO_2	NO_2 空气质量指数
AQI_CO	CO 空气质量指数
AQI_$PM_{2.5}$	$PM_{2.5}$ 空气质量指数
AQI_PM_{10}	PM_{10} 空气质量指数
AQI_O_3_1hr	1 h 平均 O_3 空气质量指数
AQI_O_3_8hr	8 h 平均 O_3 空气质量指数
AQI	空气质量指数
RH	相对湿度
AK	粗粒子(2.5～10 μm 的气溶胶粒子)

6.2　空气污染统计预报方法

空气污染统计预报是不依赖污染物的物理、化学与生态(理化生)过程,通过分析发展规律来进行预测的一种方法。对特定的城市或区域,在多年气象与污染物浓度资料积累的基础上,分析天气变化规律,找出若干天气类型并分析各类型的典型参数,然后建立这些参数与相应污染物浓度实测数据之间的定量或半定量关系(这些关系可以是线性或非线性的组合,也可以是有量纲或无量纲的组合),并根据这些关系做出预报。

根据气象部门开展空气污染气象条件预报业务需要,2007 年,重庆市气象台在市气象局科技计划项目的支持下,开展了重庆主城区空气质量潜势综合指标方法研究,基于统计预报方法建立了空气污染扩散条件预报模型和业务平台。2013 年实施新的《环境空气质量标准—GB3095-2012》后,重庆市气象台进一步优化和完善了空气污染气象条件预报模型,并开发了空气污染气象条件预报业务系统,在业务中得到较好应用。

6.2.1 重庆市主城区空气污染气象条件统计预报模型

6.2.1.1 空气污染气象条件统计预报模型构建

重庆市气象台通过分析空气污染物与气象条件的关系,统计出城市空气污染扩散气象条件等级指标,建立了以数值预报为基础的空气污染扩散条件预报模型,开发出预报业务平台和预报检验平台。在空气污染扩散气象条件指标体系构建方面引入了极端天气事件的概念,能够客观描述空气污染扩散能力,实现了重庆主城区未来 120 h 内大气污染扩散气象条件等级预报。统计预报模型构建方法如下:

首先,将地面常规资料和 L 波段探空雷达资料分季节与对应的主要污染物 API 指数作相关分析,选出了相关性较好的 3 个气象要素,分别是 08 时的 24 h 变压、150 m 高度的风速、300 m 高度与地面的温差。对选出的 3 个因子归一化处理,并组合成一个空气污染扩散气象条件的综合指数 A。

$$A=n+(B_1+B_2+\cdots\cdots+B_i)-(C_1+C_2+\cdots\cdots+C_n) \tag{6.1}$$

其中,B_i 为第 i 个相关性好且相关系数为正的入选因子,C_n 为第 n 个相关性好且相关系数为负的入选因子,n 是为了保证 A 为正值人为加入的一个正整数(与 C_n 中的 n 数值相同)。于是有:

$$A=2+T_{300\_0}-dP_{24}-f_{150} \tag{6.2}$$

其中,A 为综合指数,T_{300_0}、dP_{24}、f_{150} 分别为归一化处理后的 300 m 高度与地面的温差、24 h 变压、150 m 高度风速。由 A 值的构建看,A 值介于 0~3,A 越大,大气扩散条件越差,API 值也越大,污染越严重。

通过对历史资料计算出的 A 值作 K-均值聚类分析,按照《环境空气质量标准—GB3095-1996》污染物浓度等级 5 类标准,根据 A 值聚类分析结果,对应确定了空气污染扩散条件的等级指标:

$0.90<P(A_h\geqslant A_p)\leqslant 1.00$	一级	非常有利于污染物扩散
$0.70<P(A_h\geqslant A_p)\leqslant 0.90$	二级	有利于污染物扩散
$0.35<P(A_h\geqslant A_p)\leqslant 0.70$	三级	较有利于污染物扩散
$0.10<P(A_h\geqslant A_p)\leqslant 0.35$	四级	不利于污染物扩散
$0.0\leqslant P(A_h\geqslant A_p)\leqslant 0.10$	五级	非常不利于污染物扩散

其中,$P(A_h\geqslant A_p)$ 为历史同期 A 值(A_h 表示)大于等于预报日 A 值(A_p 表示)的气候概率。例如:如果计算出 2006 年 11 月的某天的 A 值为 1.78,查询这一天历史同期(前 15 d 到后 15 d)的 A 值,如果大于 1.78 的 A 值个数占查询样本数的 55%,那么当天的空气污染扩散

条件等级为三级(较利于污染物扩散)。

有了上面的空气污染扩散条件等级指标,我们可以基于数值预报产品分别计算出 dP_{24}、f_{150}、T_{300_0} 即可求得 A 值,从而预报大气污染扩散气象条件等级。选取欧洲中心 08 时的气压、850 hPa 温度、850 hPa 风速等预报产品,经过线性拟合分别得到构成 A 值的 24 h 变压、300 m 高度与地面温差、150 m 高度风速的预报。具体方法如下:

dP_{24} 的计算方法:先从欧洲中心预报场上可以得到格点值,选取离重庆主城区沙坪坝站点最近的 4 个格点:(105.0°E,27.5°N)、(107.5°E,27.5°N)、(105.0°E,30.0°N)、(107.5°E,30.0°N)做双线性插值得到沙坪坝站点(106.54°E,29.59°N)的气压值,再将前后两天的气压值相减,即得到 08 时的 24 h 变压 dP_{24}。

f_{150} 的计算方法:由于数值产品仅有 850 hPa 风场和温度场资料,所以采用线性回归拟合,将 4 个格点风速和气温值分别与 150 m 高度风速、300 m 高度与地面温差回归拟合,多组试验发现,格点(107.5°E,30.0°N)的预报值拟合结果最好;所以选用此格点资料建立回归方程。风速按照大于等于 6 m/s 和小于 6 m/s 分别建回归方程。设 08 时 150 m 高度风速 f_{150} 为 y,850 hPa08 时风速为 x,当风速大于等于 6 m/s 时,回归方程为:

$$y = 0.6269x - 2.0757 \tag{6.3}$$

当风速小于 6 m/s 时,回归方程为:

$$y = 0.0607x + 1.3215 \tag{6.4}$$

T_{300_0} 的计算方法:300 m 高度与地面温差,也尝试用格点(107.5°E,30.0°N)850 hPa08 时温度和 08 时 24 h 变温建立回归方程,试验发现用 08 时温度拟合结果更好。设 08 时 300 m 高度与地面温度差 T_{300_0} 为 y,850 hPa08 时温度为 x,回归方程:

$$y = 0.0589x - 2.0644 \tag{6.5}$$

因此,只要通过数值预报计算出 dP_{24}、f_{150}、T_{300_0} 三个参数的预报值,按公式(6.2)可得到 A 值,查询历史同期气候概率,根据概率大小即可确定污染扩散气象条件等级,从而达到预报的目的。

6.2.1.2　空气污染气象条件统计预报模型改进

根据《环境空气质量标准——GB3095—2012》,自 2013 年 1 月 1 日起,重庆市环境监测中心开始对外公开的污染物浓度有 PM_{10}、$PM_{2.5}$、SO_2、NO_2、CO、O_3 等 6 种,以前发布的 API 指数变为 AQI 指数。鉴于污染监测资料和空气质量指数的变化以及欧洲中心细网格数值预报产品的发布,我们对空气污染气象条件统计预报模型进行了改进。

首先,通过两次典型的连续空气污染过程分析发现,污染物浓度与大气边界层的风、湿度、温度等气象要素密切相关,利用日均 AQI 与地面、大气边界层的风、温、压、湿等气象要素作相关分析(表 6.2)。结果表明,日平均 AQI 与气温为负相关,与 700 hPa 以下气温相关系数都较高,相关系数绝对值大于 0.2;与中低层温差同样呈负相关,与 850 hPa 以下的温差相关系数高,与 850 hPa、700 hPa 温差相关系数小,不能通过显著性检验。AQI 与 700 hPa 以下相对湿度同样为负相关,中低层湿度与是否降雨有密切关系,湿度越大,越有利于降水,雨水的冲刷作用,会使大气污染物浓度降低,AQI 减小;但是低层相对湿度差与 AQI 的相关性是不显著的。比湿与 AQI 同样呈负相关,且相关系数高,相关性好。由于相关分析是应用大尺度资料,所以,3 个格点风速与 AQI 相关系数均不高,但仍然可以看出,越低层的风与 AQI 的相关系数越高。AQI 与大尺度海平面气压 24 h 变化呈负相关,但相关系数较低。

表 6.2　重庆主城区日平均 AQI 与气象要素相关系数

气象要素	105°E,30°N	107.5°E,30°N	110°E,30°N
1000 hPa 温度	−0.28	−0.25	−0.25
925 hPa 温度	−0.28	−0.24	−0.23
850 hPa 温度	−0.26	−0.22	−0.21
700 hPa 温度	−0.28	−0.27	−0.29
1000 hPa 与 925 hPa 温差	−0.19	−0.28	−0.41
925 hPa 与 850 hPa 温差	−0.18	−0.24	−0.23
850 hPa 与 700 hPa 温差	−0.12	−0.03	0.02
1000 hPa 相对湿度	−0.39	−0.38	−0.39
925 hPa 相对湿度	−0.36	−0.39	−0.39
850 hPa 相对湿度	−0.21	−0.24	−0.34
700 hPa 相对湿度	−0.36	−0.29	−0.27
1000 hPa−850 hPa 相对湿度差	−0.08	−0.08	0.05
925 hPa−850 hPa 相对湿度差	−0.11	−0.15	0.05
925 hPa 全风速	−0.17	−0.08	−0.04
850 hPa 全风速	−0.15	0.1	−0.06
925 hPa 风速 U 分量	0.17	−0.03	−0.11
925 hPa 风速 V 分量	0.07	0.06	−0.01
850 hPa 风速 U 分量	0.15	0.02	−0.02
850 hPa 风速 V 分量	0.05	0.04	−0.02
925 hPa 比湿	−0.33	−0.3	−0.28
850 hPa 比湿	−0.37	−0.33	−0.3
700 hPa 比湿	−0.44	−0.43	−0.38
日均变压	−0.1	0.1	−0.05
08 时变压	−0.14	−0.15	−0.12
20 时变压	−0.06	−0.06	−0.01

　　由表 6.2 可知,气温、比湿与 AQI 的相关系数较大,参照总温度的定义: $T_t = T + 2.5q + 10Z$,定义影响大气扩散能力的总温度公式: $T_t = T + 2.5q$,按此公式计算中低层总温度与 AQI 相关系数(表 6.3)。结果表明,总温度、925 hPa 与 850 hPa 总温度差与 AQI 相关系数较高。

表 6.3　重庆主城区日平均 AQI 与总温度、总温度差相关系数

气象要素	105°E,30°N	107.5°E,30°N	110°E,30°N
925 hPa 总温度	−0.32	−0.29	−0.27
850 hPa 总温度	−0.39	−0.39	−0.37
700 hPa 总温度	−0.34	−0.29	−0.28
925 hPa 与 850 hPa 总温差	−0.23	−0.22	−0.19
850 hPa 与 700 hPa 总温差	−0.16	−0.07	−0.05

　　新预报模型在众多气象要素中挑选出有物理意义且相关系数高的气象要素构建污染扩散气象条件指标。冷空气南下,使近地层风速增大,对大气污染物的扩散稀释是有利的,所以挑选表征冷空气活动情况的地面 24 h 变压;大气边界层的风速大小直接表现出大气的水

平扩散能力,选取大气边界层内风速作为空气污染气象条件预报指数 A 影响因子之一;大气扩散能力不仅与其水平输送情况有关,同样与垂直输送能力相关,所以在构建指数 A 时,引入总温度差代表大气边界层的温湿状态、层结状况、湍流强弱;另外,明显的降水对大气污染物的稀释沉降作用明显,由相关分析也发现,比湿与 AQI 的相关系数高,所以同时引进相关系数最高的 700 hPa 比湿构建扩散指数 A。由以上 4 个气象要素构建出的 A 指数表达式为:

$$A = 4 - dP_{24} - q_{700} - dT_t - F \tag{6.6}$$

其中,dP_{24} 为地面 24 h 变压,q_{700} 为 700 hPa 比湿,dT_t 近地层总温度差,F 为大气边界层风速。dT_t 和 F 因地形影响海拔高度的不同,将取不同层次的值。

不同的海拔高度,A 值的计算公式分别为:

当海拔高度 $h < 800$ m 时,

$$A_1 = dP_{24}$$

$$A_2 = q_{700}$$

$$A_3 = \left[T_{2m} + \frac{1}{2}(2.5q_{1000} + 2.5q_{925}) \right] - (T_{850} + 2.5q_{850})$$

$$A_4 = F_{925}$$

$$A = 4 - A_1 - A_2 - A_3 - A_4$$

当海拔高度 800 m $\leqslant h < 1500$ m 时,

$$A_1 = dP_{24}$$

$$A_2 = q_{700}$$

$$A_3 = \left[T_{2m} + \frac{1}{2}(2.5q_{925} + 2.5q_{850}) \right] - \frac{1}{2}(T_{850} + 2.5q_{850} + T_{700} + 2.5q_{700})$$

$$A_4 = F_{850}$$

$$A = 4 - A_1 - A_2 - A_3 - A_4$$

当海拔高度 1500 m $\leqslant h < 2500$ m 时,

$$A_1 = dP_{24}$$

$$A_2 = q_{700}$$

$$A_3 = (T_{2m} + 2.5q_{850}) - (T_{700} + 2.5q_{700})$$

$$A_4 = \frac{1}{2}(F_{850} + F_{700})$$

$$A = 4 - A_1 - A_2 - A_3 - A_4$$

当海拔高度 $h \geqslant 2500$ m 时,不再计算 A 值。

对 A_1、A_2、A_3、A_4 的归一化处理,归一化公式为:$X = \dfrac{X - X_{min}}{X_{max} - X_{min}}$,$X$ 为待归一化处理的变量,X_{min} 为变量的最小值,X_{max} 为变量的最大值。

$A_1 = dP_{24}$ 的最大值取为:15 hPa;最小值为:-15 hPa

$A_2 = q_{700}$ 的最大值取为:12 g/kg;最小值为:0 g/kg

A_3 的最大值取为:15 ℃;最小值为:-5 ℃

$A_4 = F_{925}$ 的最大值取为:15 m/s;最小值为:0 m/s

$A_4 = F_{850}$ 的最大值取为:20 m/s;最小值为:0 m/s

$A_4 = \dfrac{1}{2}(F_{850} + F_{700})$ 的最大值取为:25 m/s;最小值为:0 m/s

根据不同海拔高度的 A 表达式,计算近 1 年的历史 A 值。对计算出的 A 值,以重庆主城区 A 值为例,对 A 值进行 K-均值聚类分析。按照《环境空气质量标准——GB3095—2012》污染物浓度等级 6 类标准,所以将 A 值按 6 类分类(表 6.4)。由表 6.4 可知,A 值基本为正态分布,较小及较大值出现概率都较小(在 10%左右),而居于中间的值所占百分比较大。根据 A 值分类情况和出现气候概率,确定空气污染扩散气象条件的等级预报模型为:

$0.90 < P(A_h \geqslant A_p) \leqslant 1.00$	一级	非常有利于污染物扩散
$0.75 < P(A_h \geqslant A_p) \leqslant 0.90$	二级	较有利于污染物扩散
$0.60 < P(A_h \geqslant A_p) \leqslant 0.75$	三级	对污染物扩散无明显影响
$0.35 < P(A_h \geqslant A_p) \leqslant 0.60$	四级	不利于污染物扩散
$0.10 < P(A_h \geqslant A_p) \leqslant 0.35$	五级	很不利于污染物扩散
$0.0 \leqslant P(A_h \geqslant A_p) \leqslant 0.10$	六级	非常不利于污染物扩散

其中,$P(A_h \geqslant A_p)$ 为历史同期 A 值(A_h 表示)大于预报日 A 值(A_p 表示)的气候概率。

表 6.4 重庆主城区 A 值分类

种类	所占百分比(%)	样本数	最小值	最大值	平均值
1	10.96	40	0.95	1.39	1.24
2	14.25	52	1.42	1.7	1.57
3	17.26	63	1.71	1.96	1.83
4	22.19	81	1.97	2.2	2.09
5	23.29	85	2.21	2.46	2.31
6	12.05	44	2.48	3.05	2.63

基于以上空气污染扩散气象条件的等级预报模型,重庆市气象台采用 B/S 架构开发了《重庆市空气污染气象条件预报业务系统》,该系统主要包含空气污染资料的实时监测、查询与显示;气象资料的实时监测、查询与显示;空气污染气象条件预报计算、产品浏览、预警制作和发布、预报检验、系统管理等模块功能。该系统在实际业务中得到较好应用,为开展重庆主城区空气污染气象条件等级预报提供了重要支撑。

第7章 重庆应对主城区空气污染措施与成效

一直以来,重庆市也是全国空气污染较为严重的城市之一,这不仅给当地居民的生活与健康带来诸多不利影响,同时也影响了重庆市的城市投资环境和竞争力。直辖市设立以来,党中央、国务院同时把"加强生态环境保护与建设"作为"四件大事"之一交办给重庆市政府。面对机遇与挑战,重庆市政府高度重视,采取了一系列有效措施,坚持改善环境质量,着力解决影响可持续发展和损害群众健康的突出环境问题。重庆直辖20年来,重庆市政府在主城区先后实施了"清洁能源"工程、"五管齐下净空"工程、"蓝天行动"计划,重庆主城区空气质量得到明显改善。

7.1 实施清洁能源工程

1999—2001年重庆市政府组织实施了"清洁能源"工程,重点解决主城区二氧化硫污染问题。在重庆主城区2737 km²、133个街道(镇)范围内全面推行"清洁能源"工程。主城各区有10 t/h[①]及以下燃煤锅炉1153台,其中685台锅炉改用清洁能源,其余468台锅炉停用或改用电加热等工艺;1500台燃煤茶水炉中,有317台茶水炉改用清洁能源,其余1183台茶水炉停用或采用电热水器等替代。在全国率先完成对所有现役20万kW以上火电机组烟气脱硫治理,每年削减SO_2排放30万t。现役和新增火电企业一律同步建成高效烟气脱硫设施,并安装污染源在线监测系统,初步解决了二氧化硫污染问题。

主城各区通过"清洁能源工程"建设,每年减少燃煤136万t,由此每年减少二氧化硫排放7.5万t,烟尘排放3.4万t,煤渣排放34万t。2001年主城区空气中二氧化硫浓度年平均值为108 $\mu g/m^3$,与实施"清洁能源工程"前的1999年(171 $\mu g/m^3$)相比下降了36.8%,主城区环境空气质量达到和好于Ⅱ级以上的天数为207 d,占全年总天数的56.7%,有效改善了主城区大气环境质量,取得了很好的环境效益、社会效益和良好的节能效果,推动了能源革命和技术进步。

7.2 实施五管齐下净空工程

2002年1月4日,重庆市政府第97次常务会议审议通过并印发了《关于主城区采(碎)石场、小水泥厂关闭实施方案》《关于加强主城区机动车排气污染控制实施方案》《关于主城区裸露地面绿化硬化实施方案》《关于主城区大于10 t/h的燃煤锅炉洁净煤工程实施方案》《关于主城区大气污染企业关迁改调实施方案》等5个治理主城区大气污染的实施方案,称

---

① 1 t/h=0.7 MW=2.5 GJ/h=60万 kCal,下同。

为主城区"五管齐下净空"工程,进一步改善环境空气质量。

2002—2004 年通过实施"五管齐下净空"工程,累计关闭主城区 600 km² 和城市外环交通干线以内的 623 家采(碎)石场和 7 家小水泥厂(生产线)。开展了机动车排气路检和机动车黑烟污染专项整治行动,不准污染物排放不达标和国家禁止生产、进口和销售的机动车在我市境内销售和登记注册,禁止冒黑烟的机动车进入主城区控制区域和路段行驶,查处黑烟污染车 6975 辆次;4050 辆 9 座及以下化油器轻型车改电控补气加三元催化器或改 CNG 汽车,主城区累计建成 CNG 加气站 32 座和改 CNG 汽车 6610 辆,19 座以下客运柴油车全部退出主城。主城区的燃煤大灶实施改用清洁燃料,完成 23 台大于 10 t/h 燃煤锅炉改造,使其空气污染物达标排放,主城区全面建成基本无煤区。完成裸露地面绿化 68.43 万 m²,拆违绿化 31.21 万 m²,树地绿化 42661 个,裸露地面封闭硬化 41.73 万 m²,拆违硬化 11.53 万 m²,土路封闭硬化 83 km。治理重点空气污染企业,实现重庆民丰农化股份有限公司、重庆嘉陵化工有限公司等 11 家重点空气污染企业关、迁、改、调等综合整治。

2004 年主城区环境空气质量达到和好于 Ⅱ 级以上的天数为 243 d,占全年总天数的 66.6%,二氧化硫、可吸入颗粒物和二氧化氮年平均浓度分别为 113 $\mu g/m^3$、142 $\mu g/m^3$、67 $\mu g/m^3$,相比 2001 年有一定程度的下降,主城区环境空气质量得到进一步改善。

7.3　实施主城蓝天行动计划

2000 年以来,重庆主城区通过实施"清洁能源"工程、"五管齐下"净空工程和进一步控制尘污染等一系列重大环保措施,使主城区空气质量明显好转,但环境空气质量依然较差,环境保护形势依然严峻。借鉴国内外大气污染控制的成功经验,根据主城区二氧化硫总量控制、大气颗粒物来源解析及空气质量和气象条件的相关性分析等研究成果,2004 年市政府组织制定了《重庆市主城"蓝天行动"实施方案(2005—2010 年)》。

2005 年开始全面实施《重庆市主城"蓝天行动"实施方案》,出台《重庆市主城尘污染防治办法》,进一步建立和完善主城区环境空气质量管理长效机制。坚持和完善工作调度会和环境质量形势分析会制度,定期检查各项措施落实情况。完善督查督办和联合执法制度,成立市政府"蓝天行动"督察组,对现场检查、媒体曝光和市民投诉的问题提出督查意见并跟踪整改落实情况。完善公众参与和舆论监督制度,定期公布空气质量状况和污染物排放未达标单位。

通过实施清洁能源工程、蓝天行动、国家环保模范城市创建等环保举措,完成重钢集团公司、重庆天原化工厂等 206 户企业环保搬迁,关闭取缔重庆地王水泥厂、重庆前进化工厂等 56 家污染企业,淘汰水泥行业落后产能 370 万 t、火电机组 35 万 kW。燃煤锅炉改用天然气等清洁能源 4059 台,主力电厂每年外购低硫电煤 500 万 t 以上,创建基本无煤街镇 152 个、无煤社区 634 个,关闭采(碎)石场 623 家。建成 14 座机动车简易工况法检测站(48 条检测线),检测汽车 69 万辆,发放环保标志 61 万张,鼓励淘汰黄标车和老旧公交车 3749 辆,推广天然气汽车 6 万辆(建站 73 座),1.2 万辆出租车和 1 万辆公交车全部使用天然气,发展纯电动车 100 辆。市政府印发了大气污染联防联控方案、大气污染预警与应急处置工作预案,11 个部门制定了行业控制扬尘技术规范,开展冬春季联合执法,安装重点路段和工地电子视频扬尘监控系统 61 个,建成扬尘控制示范区 180 个,铺设沥青路面 843 万 m²。2009 年开始,重庆市在蓝天行动中,加强了科技创新,运用了飞机和火箭实施人工增雨降尘。每年 10 月至次年 4 月确定为蓝天行动人工增雨作业时段,在主城区周边布设了 10 个作业点,采取地面火箭和飞机相结合的方式开展增雨作业。2009 年 10 月至 2012 年年底,共实施人工增雨作业 41 次。通过采取一系列重点工程项目和有力监管措施,实现了产业布局调整和结构升级,清洁能源使用比例大幅上升,污染企业实现达标排放,空气质量得到显著改善,圆满实现了国家下达的总量减排和空气质量达标的"双目标",得到了社会各界的好评和市民的认同。

2012 年重庆主城区空气中可吸入颗粒物(PM$_{10}$)年均浓度 90 $\mu g/m^3$,较 2004 年下降 36.6%;二氧化硫年均浓度为 37 $\mu g/m^3$,较 2004 年下降 67.3%;二氧化氮年均浓度为 35 $\mu g/m^3$,较 2004 年下降 47.8%。按《环境空气质量标准(GB3095—1996)》评价,2011 年主城区空气质量首次全面达标,2012 年空气质量为优良等级的天数达 340 d,较 2004 年增加 97 d,较 2000 年增加 153 d,空气质量在全国 47 个环保重点城市中排名第 23 位,较 2004 年上升 19 位。

7.4　实施四控一增举措

虽然通过实施"蓝天行动"计划,重庆市大气污染防治工作已经取得成效,但根据国家新颁布的《环境空气质量标准(GB3095—2012)》,重庆主城区空气质量距离国家的新标准、重庆市的新要求、社会的新期待、市民的新愿景还有较大差距。为此,2012 年市政府根据重庆实际又制定了新一轮"蓝天行动"实施方案(2013—2017 年)。

2013 年至 2017 年,重庆市政府采取了"四控一增"等五项大气污染防治措施,来确保新一轮"蓝天行动"目标的实现,实施范围由主城区向全市扩展。"四控一增"五项措施主要包括:一是控制燃煤及工业废气污染。重点治理 156 家工业废气污染物排放企业,搬迁或关闭 37 家火电、化工、制药等污染企业,逐步关闭 86 家烧结砖瓦窑企业,分批关停 20 家水泥企业,实施 37 台累计 586 蒸吨①燃煤锅炉改用清洁能源,建设 500 个、70 km^2 无煤区域,主城区一律禁止新建燃煤设施。二是控制城市扬尘污染。城市建设工地落实施工扬尘控制七项强制规定,主次干道实行全天候冲洗洒水保洁,整治 50 家混凝土搅拌站,密闭 4000 辆渣土运输车,对城市裸露地进行覆盖或简易绿化,整治矿堆煤堆灰堆扬尘。完成扬尘控制示范项目 1000 个。三是控制机动车排气污染。严格机动车环保标识管理,实行黄标车限行并鼓励淘汰 2.66 万辆黄标车,严格执行车用汽油、柴油国家标准,加强对新车准入和在用车治理,推广 2 万辆 CNG 汽车及 LNG 车船,推广纯电动新能源汽车。四是控制餐饮油烟及挥发性有机物污染。重点治理 1500 家餐饮业油烟污染,治理 2329 座储油库、加油站及油罐车的油气污染,完成 58 家汽车、印刷、制药行业挥发性有机物治理项目。五是增强大气污染监管手段。重点开展污染预警预控和联防联控,主城区禁止新建重污染企业,执行主城区大气污染排放综合标准,制定混凝土搅拌站环保管理规程,开展人工增雨等措施。同时进一步完善大气污染防治地方性法规体系,重庆先后出台了《重庆市主

---

①　蒸吨:工程术语,是指锅炉的供热水平,一般用 t/h 来表示。在国际单位中,经常用 MW 来计量热力单位,与蒸吨相对应是 1 t/h=0.7 MW=2.5 GJ/h=60 万 kCal。

城区尘污染防治办法》《重庆市人民政府关于贯彻落实大气污染防治行动计划的实施意见》《重庆市"蓝天行动"实施方案》等一系列地方性行政法规。2017年3月29日重庆市第四届人民代表大会常务委员会第三十五次会议通过了《重庆市大气污染防治条例》《重庆市环境保护条例》,这些法规政策为重庆改善空气质量、防止大气污染提供了法治保障。

　　按照《环境空气质量标准(GB3095—2012)》评价,2016年重庆主城区空气质量达标天数为301 d(占82.5%),主城区环境空气中可吸入颗粒物(PM$_{10}$)、细颗粒物(PM$_{2.5}$)、二氧化硫(SO$_2$)、二氧化氮(NO$_2$)的年均浓度分别降到77 μg/m^3、54 μg/m^3、13 μg/m^3、46 μg/m^3,重庆主城区环境空气质量得到明显改善,重庆大气污染治理工作取得显著成效。

参 考 文 献

安兴琴,安俊岭,吕世华,等,2005.复杂地形城市 SO_2 扩散特征的模拟研究[J].城市环境与城市生态,**18** (3):23-26.

安兴琴,左洪超,吕世华,等,2005.Models3 空气质量模式对兰州市污染物输送的模拟[J].高原气象,**24** (5):748-756.

陈思龙,郑有斌,赵琦,等,1995.重庆城区大气颗粒物污染来源解析[J].重庆环境科学,**18**(6):24-28.

陈小敏,李轲,2010.重庆主城区人工增雨对空气质量的影响分析[J].西南大学学报,**35**(6):152-156.

杜荣光,齐冰,郭惠惠,等,2011.杭州市大气逆温特征及对空气污染物浓度的影响[J].气象与环境学报,**27** (4):49-53.

房小怡,蒋维楣,吴涧,等,2004.城市空气质量数值预报模式系统及其应用[J].环境科学学报,**24**(1): 111-115.

韩素芹,冯银厂,边海,等,2008.天津大气污染物日变化特征 WRF-Chem 数值模拟[J].中国环境科学,**28** (9):828-832.

洪钟祥,胡非,1999.大气污染预测的理论和方法研究进展[J].气候与环境研究,**4**(3):225-230.

胡春梅,刘德,陈道劲,2009.重庆市空气污染扩散气象条件指标研究[J].气象科技,**37**(6):665-669.

胡小明,刘树华,2005.山丘地形的陆面过程及边界层特征的模拟[J].应用气象学报,**16**(1):13-23.

胡隐樵,张强,1999.兰州山谷大气污染的物理机制与防治对策[J].中国环境科学,**19**(2):119-122.

姜大膀,王式功,郎咸梅,等,2001.兰州市区低空大气温度层结特征及其与空气污染的关系[J].兰州大学学报,**37**(4):133-139.

姜金华,彭新东,2002.复杂地形城市冬季大气污染的数值模拟研究[J].高原气象,**21**:1-7.

蒋昌潭,张卫东,2009.重庆市主城"蓝天行动":典型山地城市大气污染控制实例[M].北京:中国环境科学出版社.

康雪,李柏,吴蕾,等,2013.基于 K-means 聚类分析的风廓线雷达降水数据判别方法[J].气象科技,**41**(5): 818-822.

李崇志,于清平,陈彦,等,2009.霾的判别方法探讨[J].南京气象学院学报,**32**(2):327-332.

李国翠,连志鸾,郭卫红,等,2006.石家庄市污染日特征及其天气背景分析[J].气象科技,**34**(6):674-678.

李琼,李福娇,叶燕翔,等,1999.珠江三角洲地区天气类型与污染潜势及污染浓度的关系[J].热带气象学报,**15**(4):363-369.

李瑞,王旭,2007.乌鲁木齐降水对大气污染的影响[J].沙漠与绿洲气象,**1**(2):13-15.

李霞,杨青,吴彦,2003.乌鲁木齐地区雪和雨对气溶胶湿清除能力的比较研究[J].中国沙漠,**23**(5): 560-564.

李雄,2010.1980 年地面气象观测规范变更对能见度资料连续性影响研究[J].气象,**36**(3):117-122.

刘萍,翟崇治,余家燕,等,2012.重庆市道路交通空气监测现状及控制对策[J].四川环境,**31**(1):37-41.

刘晓刚,2007.重庆市主城区二氧化硫地面浓度场分布特征及污染防治对策研究[D].重庆:重庆大学.

刘永明,陈盛粱,周竹渝,等,2001.重庆市主城区空气污染成因分析及改善大气扩散条件的措施建议[J].重庆环境科学,**24**(3):22-25.

马欣,陈东升,高庆先,等,2012.应用 WRF-Chem 模式模拟京津冀地区气溶胶污染对夏季气象条件的影响[J].资源科学,**34**(8):1408-1415.

孟小峰,徐刚,2010.重庆主城区空气质量时空分布及原因分析[J].亚热带资源与环境学报,**5**(4):37-42

孟燕军,程丛兰,2002.影响北京大气污染物变化地面天气形势分析[J].气象,**28**(4):42-47.

缪国军,张镭,舒红,2007.利用 WRF 对兰州冬季大气边界层的数值模拟[J].气象科学,27(2):169-175.

任丽红,周志恩,赵雪艳,等,2014.重庆主城区大气 PM$_{10}$ 及 PM$_{2.5}$ 来源解析[J].环境科学研究,27(12):1387-1394.

尚可政,王式功,杨德保,等,1999.兰州冬季空气污染与地面气象要素的关系[J].甘肃科学学报,11:1-5.

司鹏,高润祥,2015.天津雾和霾自动观测与人工观测的对比评估[J].应用气象学报,26(2):240-246.

唐燕秋,陈佳,熊强,等,2005.重庆市多年空气污染指数分析及大气污染控制对策[J].四川环境,24(6):80-98.

佟华,桑建国,2002.北京海淀地区大气边界层的数值模拟研究[J].应用气象学报,13(1):51-60.

佟彦超,2006.中国重点城市空气污染预报及其进展[J].中国环境监测,22(2):69-71.

王海龙,张镭,陈长和,等,1999.兰州市东部地区冬季低空风场和温度场分析[J].兰州大学学报(自然科学版),35(14):17-123.

王勤耕,夏思佳,万祎雪,等,2009.当前城市空气质量预报方法存在的问题及新思路[J].环境科学技术,32(4):189-192.

王瑞,周学东,李崇志,等,2015.江苏省能见度的人工与自动观测差异分析[J].气象科学,35(2):183-188

王式功,杨德保,黄建国,1996.兰州市八种主要空气污染物浓度分布类型及其相互关系[J].兰州大学学报(自然科学版),32(1):121-125.

王式功,杨德保,尚可政,等,1997.兰州市城区冬半年低空风特征及其与空气污染的关系[J].兰州大学学报(自然科学版),33(3):97-105.

王艳秋,杨晓丽,2007.哈尔滨市降水形势对大气污染物浓度稀释的影响[J].自然灾害学报,16(5):65-68.

王颖,2010.复杂下垫面下空气污染数值模拟研究[D].兰州:兰州大学.

王自发,庞成明,朱江,等,2008.大气环境数值模拟研究新进展[J].大气科学,32(4):987-995.

魏玉香,童尧青,银燕,等,2009.南京 SO$_2$、NO$_2$ 和 PM$_{10}$ 变化特征及其与气象条件的关系[J].大气科学学报,32(3):451-457.

吴兑,2008.大城市区域霾与雾的区别和灰霾天气预警信号发布[J].环境科学与技术,31(9):1-7.

吴兑,2005.关于霾与雾的区别和灰霾天气预警的讨论[J].气象,31(4):3-7.

吴兑,2006.再论都市霾与雾的区别[J].气象,32(4):9-15.

夏恒霞,2004.北京城区逆温气象特征及其对大气污染的影响[J].城市管理与科技,6(2):63-68.

谢学军,李杰,王自发,2010.兰州城区冬季大气污染物日变化的数值模拟[J].气候与环境研究,15(5):695-703.

杨德保,尚可政,王式功,等,2002.兰州城市空气污染的天气分型与统计分析[M]//城市空气污染预报研究.兰州:兰州大学出版社:191-198.

杨德保,王式功,黄建国,等,1993.兰州冬季大气污染与天气形势的统计分析[M]//复杂地形上大气边界层和大气扩散的研究.北京:气象出版社:159-165.

杨德保,王式功,黄建国,1994.兰州市区大气污染与气象条件的关系[J].兰州大学学报(自然科学版),30(1):132-136.

杨清玲,陈刚才,马宁,等,2009.重庆市主城区机动车污染分担率研究[J].西南师范大学学报(自然科学版),34(4):0173-0178.

杨三明,张大元,陈刚才,2001.重庆市主城区空气中颗粒物污染分析[J].重庆环境科学,23(5):19-21.

叶堤,王飞,陈德蓉,2008.重庆市多年大气混合层厚度变化特征及其对空气质量的影响分析[J].气象与环境学报,24(4):41-44.

叶堤,2007.重庆市空气污染持续过程特征及其气象成因分析[J].江苏环境科技,20(4):57-60.

张建辉,2007.K-means 聚类算法研究及应用[D].武汉:武汉理工大学.

张美根,韩志伟,雷孝恩,2001.城市空气污染预报方法简述[J].气候与环境研究,6(1):113-118.

张强,吕世华,张光庶,2003. 山谷城市大气边界层结构及输送能力[J]. 高原气象,**22**(4):346-353.

赵琦,张丹,叶堤,等,2008. 重庆主城大气 PM_{10} 的源解析研究[J]. 三峡环境与生态,**1**(3):14-17.

郑庆锋,史军,2011. 上海地区大气贴地逆温的气候特征[J]. 干旱气象,**29**(2):195-200.

中国气象局,2003. 地面气象观测规范[M]. 北京:气象出版社:21-27.

中国气象局,2010. 霾的观测和预报等级(QX/T113-2010)[S]. 北京:气象出版社.

重庆市人民政府,2012. 2011 年重庆市国民经济和社会发展公报[R].

周甘霖,2012. 兰州市空气污染特征及其与气象条件关系研究[D]. 兰州:兰州大学.

周国兵,王式功,陈小敏,2013. 降水对重庆主城区空气污染物清除效率研究[J]. 环境污染与防治,**35**(9):112-112.

周国兵,王式功,2010. 重庆市主城区空气污染天气特征研究[J]. 长江流域资源与环境,**19**(11):1345-1349.

周国兵,王式功,2013. 重庆主城区边界层气象条件对 PM_{10} 浓度影响分析[J]. 西南师范大学学报(自然科学版),**38**(11):101-108.

周国兵,2014. 重庆市主城区气象条件对空气污染影响分析及数值模拟研究[D]. 兰州:兰州大学.

Akpinar S,Hakan F,Oztop,et al.,2008. Evaluation of relationship between meteorological parameters and air pollutant concentrations during winter season in Elazığ,Turkey[J]. *Environ. monit. assess.*,**146**:211-224.

Alessio Pollice,Giovanna Jona Lasinio,2010. Spatiotemporal analysis of the PM_{10} concentration over the Taranto area[J]. *Environ. Monit. Assess.*,**162**:177-190.

Alexander Baklanov,2000. Application of CFD methods for modelling in air pollution problems:possibilities and gaps[J]. *Environmental monitoring and assessment*,**65**:181-189.

Almbauer R A,Piringer M,Baumann K,et al.,2000. Analysis of the daily variations of wintertime air pollution concentrations in the city of Graz,Austria[J]. *Environmental monitoring and assessment*,**65**:79-87.

Carlo Montes,Ricardo C Muñoz,Jorge F,2013. Perez-quezada. Surface atmospheric circulation patterns and associated minimum temperatures in the Maipo and Casablanca valleys,central Chile[J]. *Theor. Appl. Climatol.*,**111**:275-284.

Chen D S,Cheng S Y,Li J B,et al.,2007. Application of lidar technique and MM5-CMAQ modeling approach for the assessment of winter PM_{10} air pollution:a case study in Beijing[J]. *China Water air soil pollution*,**181**:409-427.

Choi H,Speer M S,2006. Effects of atmospheric circulation and boundary layer structure on the dispersion of suspended particulates in the Seoul Metropolitan area[J]. *Meteorol. Atmos. Phys.*,**92**:239-254.

Chuang M T,Fu J S,Jang C J,et al.,2008. Simulation of long-range transport aerosols from the Asian Continent to Taiwan by a Southward Asian high-pressure system[J]. *Science of the total environment*,**406**:168-179.

Cristina Mangia,Emilio A L Gianicolo,Antonella Rruni,et al.,2013. Spatial variability of air pollutants in the city of Taranto,Italy and its potential impact on exposure assessment[J]. *Environ. Monit. Assess.*,**185**:1719-1735.

Eder B,Kang D,Mathur R,et al.,2006. An operational evaluation of the Eta-CMAQ air quality forecast model[J]. *Atmospheric Environment*,**40**:4894-4905.

Fernando H J S,Lee S M,Anderson J,et al.,2001. Urban fluid mechanics:aircirculation and contaminant dispersion in cities[J]. *Environmental fluid mechanics*,**1**:107-164.

Flocas H,Kelessis A Helmis C,2009. Synoptic and local scale atmospheric circulation associated with air pollution episodes in an urban Mediterranean area[J]. *Theor. Appl. Climatol.*,**95**:265-277.

George Kallos,Pavlos Kassomenos Roger A Plelke,1993. Synoptic and mesoscale weather conditions during air pollution episodes in Athens, Greece[J]. *Boundary-layer meteorology*, **62**: 163-184.

Gilliland A B, Hogrefe C, Pinder R W, et al., 2008. Dynamic evaluation of regional air quality models: Assessing changes in O_3 stemming from changes in emissions and meteorology[J]. *Atmospheric Environment*, **42**: 5110-5123.

Gohm A, Harnisch F, Vergeiner J, et al., 2009. Air pollution transport in an alpine valley: results from airborne and ground-based observations[J]. *Boundary-layer meteorology*, **131**: 441-463.

Goswami P, Baruah J, 2011. Urban air pollution: process identification, impact analysis and evaluation of forecast potential[J]. *Meteorol. Atmos. Phys.*, **110**: 103-122.

Gu¨nther Za¨ngl, 2009. The impact of weak synoptic forcing on the valley-wind circulation in the alpine inn valley[J]. *Meteorol atmos phys.*, **105**: 37-53.

Hamdy K, Elminir, 2007. Relative influence of air pollutants and weather conditions on solar radiation-part 1: relationship of air pollutants with weather conditions[J]. *Meteorol. Atmos. Phys.*, **96**: 245-256.

Helmut Mayer, 1999. Air pollution in cities[J]. *Atmos. Environ.*, **33**: 4029-4037.

Isakov V, Irwin J S, Ching J. 2007. Using CMAQ for Exposure Modeling and Characterizing the Subgrid Variability for Exposure Estimates[J]. *Journal of Applied Meteorology and Climatology*, **46**: 1354-1371.

Jiang W, Smyth S. Giroux E, 2006. Differences between CMAQ fine mode particle and $PM_{2.5}$ concentrations and their impact on model performance evaluation in the lower Fraser valley[J]. *Atmospheric Environment*, **40**: 4973-4985.

Jin Young Kim, Sang-woo Kim, Young Sung Ghim, et al., 2012. Aerosol properties at Gosan in Korea during two pollution episodes caused by contrasting weather conditions[J]. *Asia-pacific J. Atmos. Sci.*, **48**(1): 25-33.

Kastendeuch P P, Najjar G, 2003. Upper-air wind profiles investigation for tropospheric circulation study[J]. *Theor. Appl. Climatol.*, **75**: 149-165.

Kindap T, 2008. Identifying the Trans-Boundary Transport of Air Pollutants to the City of Istanbul Under Specific Weather Conditions[J]. *Water Air Soil Pollut*, **18**(9): 279-289.

Koo Y S, Kim S T, Yun H Y, et al., 2008. The simulation of aerosol transport over East Asia region[J]. *Atmospheric Research*, **90**: 264-271.

Kubilay N, Nickovic S, Moulin C, et al., 2000. An illustration of the transport and deposition of mineral dust onto the eastern Mediterranean[J]. *Atmospheric Environment*, **34**: 1293-1303.

LeDuc S, Schere K, Godowitch J, et al., 2004. Models3/CMAQ Applications which illustrate capability and functionality. *Air Pollution Modeling and Its Application*, Part 7: 737-738.

Lelieveld J, Berresheim H, Borrmann S, et al., 2002. Global air pollution crossroads over the Mediterranean [J]. *Science*, **298**: 794-799.

Li Zi-hua, Yang Jun, Chun-eshi, et al., 2012. Urbanization effects on fog in china: field research and modeling [J]. *Pure Appl. Geophys.*, **169**: 927-939.

Makra L, Mika J, Bartzokas A, et al., 2006. An objective classification system of air mass types for szeged, hungary, with special interest in air pollution levels[J]. *Meteorol. Atmos. Phys.*, **92**: 115-137.

Manning A J, Nicholson K J, middleton D R, et al,. 2000. Field study of wind and traffic to test a street canyon pollution model[J]. *Environmental monitoring and assessment.* **60**: 283-313.

Martin Ekniston, 1987. A numerical study of atmospheric pollution over complex terrain in Swtzerland[J]. *Boundary-layer meteorology*, **41**: 41-75.

Nadir Ilten, Tülay Selici A, 2008. Investigating the impacts of some meteorological parameters on air pollution in Balikesir, Turkey[J]. *Environ. Monit. Assess.*, **140**: 267-277.

Nikolai Nawri,Knut Harstveit,2012. Variability of surface wind directions over finnmark,norway,and coupling to the larger-scale atmospheric circulation[J]. *Theor. Appl. Climatol.* ,**107**:15-33.

Nobumitsu Tsunematsu,Kenji Kai,Takuya Matsumoto,2005. The influence of synoptic-scale air flow and local circulation on the dust layer height in the north of the taklimakan desert[J]. *Water air and soil pollution.* ,**5**:175-193.

Nuria Galindo,Montse Varea,Juan Gil-moltó,2011. The influence of meteorology on particulate matter concentrations at an urban mediterranean location[J]. *Water air soil pollution* ,**215**:365-372.

Pablo E Saide,Gregory R Carmichael,Scott N. Spak,*et al.* ,2011. Forecasting urban PM_{10} and $PM_{2.5}$ pollution episodes in very stable nocturnalconditions and complex terrain using WRF-Chem CO tracer model [J]. *Atmospheric Environment* ,**45**:2769-2780.

Park S K,Cobb C E,Wade K,*et al.* ,2006. Uncertainty in air quality model evaluation for particulate matter due to spatial variations in pollutant concentrations[J]. *Atmospheric Environment* ,**40**:563-573.

Park S K,Marmur A,Kim S B,*et al.* ,2006. Evaluation of fine particle number concentrations in CMAQ[J]. *Aerosol Science and Technology* ,**40**:985-996.

Peter A Tanner,Po-Tak Law,2002. Eeffects of synoptic weather systems upon the air quality in an Asian megacity[J]. *Water air and soil pollution* ,**136**:105-124.

Phillipsa S B,Finkelstein P L,2006. Comparison of spatial patterns of pollutant distribution with CMAQ predictions[J]. *Atmospheric Environment* ,**40**:4999-5009.

Renate Forkel,Johannes Werhahn,Ayoe Buus Hansen,*et al.* ,2012. Effect of aerosol-radiation feedback on regional air quality — A case study with WRF/Chem[J]. *Atmospheric Environment* ,**53**:202-211.

Rodriguez S,Querol X,Alastuey A,*et al.* ,2001. Saharan dust contributions to PM_{10} and TSP levels in Southern and Eastern Spain[J]. *Atmospheric Environment* ,**35**(14):2433-2447.

Roland B Stull,1991. 边界层气象学导论[M]. 杨长新,译. 北京:气象出版社.

Seigneur C,2001. Current status of air quality models for particulate matter[J]. *Journal of Air and Waste Management Association* ,**51**:1508-1521.

Sokhi R S,San Jose R,Kitwiroon N,*et al.* ,2006. Prediction of ozone levels in London using the MM5-CMAQ modelling system[J]. *Environmental Modelling & Software* ,**21**:566-576.

Soler M R,Hinojosa J,Bravo M,*et al.* ,2004. Analyzing the basic features of different complex terrain flows by means of a doppler sodar and a numerical model:some implications for air pollution problems[J]. *Meteorol. Atmos. Phys.* ,**85**:141-154.

Surachai Sathitkunarat,Prungchan Wongwises,Rudklao Pan-aram,*et al.* ,2008. Numerical simulation of terrain-induced mesoscale circulation in the Chiang Mai area,Thailand[J]. *Meteorol. Atmos. Phys.* ,**102**:113-121.

Wang Xuemei,Wu Zhiyong,Liang Guixiong,2009. WRF/CHEM modeling of impacts of weather conditions modified by urban expansion on secondary organic aerosol formation over Pearl River Delta[J]. *Particuology* ,**7**:384-391.

Wang Xueyuan,Liang Xin-Zhong,Jiang Weimei,*et al.* ,2010. WRF-Chem simulation of East Asian air quality:Sensitivity to temporal and vertical emissions distributions[J]. *Atmospheric Environment* ,**44**:660-669.

Yassine Charabi,2013. Ali Al-bulooshi and Sultan Al-yahyai. Assessment of the impact of the meteorological meso-scale circulation on air quality in arid subtropical region[J]. *Environ. monit. assess.* ,**185**:2329-2342.

Zhanga K M,Wexlerb A S,2008. Modeling urban and regional aerosols—Development of the UCD Aerosol Module and implementation in CMAQ model[J]. *Atmospheric Environment* ,**42**:3166-3178.

Zhang L,Chen C H,Murlis J,2001. Study on Winter Air Pollution Control in Lanzhou,China[J]. *Water Air*

& *Soil Pollution*, **127**:351-372.

Zheng XiaoBo, Zhao TianLiang, Luo Yu Xiang, *et al.*, 2011. Trends in sunshine duration and atmospheric visibility in the Yunnan-Guizhou Plateau, 1961—2005 [J]. *Sciences in Cold and Arid Regions*, **3**(2): 179-184.

Zhou Guobing, Wang Shigong, 2010. The Research of Urban Air Pollution Weather Characteristics Under the Special Terrain[C]. 2010 International Conference on Digital Manufacturing & Automation.